淡水养殖

渔猎文明编委会　编著

中国大百科全书出版社

图书在版编目（CIP）数据

渔猎文明 . 淡水养殖 / 渔猎文明编委会编著 .
北京 ： 中国大百科全书出版社，2025. 1. -- ISBN 978
-7-5202-1684-5

Ⅰ. S9-49

中国国家版本馆 CIP 数据核字第 2025XP7944 号

总 策 划：刘　杭　郭继艳
策划编辑：张会芳
责任编辑：张会芳
责任校对：邵桃炜
责任印制：王亚青
出版发行：中国大百科全书出版社有限公司
地　　址：北京市西城区阜成门北大街 17 号
邮政编码：100037
电　　话：010-88390811
网　　址：http://www.ecph.com.cn
印　　刷：唐山富达印务有限公司
开　　本：710mm×1000mm　1/16
印　　张：10
字　　数：100 千字
版　　次：2025 年 1 月第 1 版
印　　次：2025 年 1 月第 1 次印刷
书　　号：ISBN 978-7-5202-1684-5
定　　价：48.00 元

—— 总 序

这是一套面向大众、根植于《中国大百科全书》第三版（以下简称百科三版）的百科通俗读物。

百科全书是概要记述人类一切门类知识或某一门类知识的完备的工具书。它的主要作用是供人们随时查检需要的知识和事实资料，还具有扩大读者知识视野和帮助人们系统求知的教育作用，常被誉为"没有围墙的大学"。简而言之，它是回答问题的书，是扩展知识的书。

中国大百科全书出版社从1978年起，陆续编纂出版了《中国大百科全书》第一版、第二版和第三版。这是我国科学文化建设的一项重要基础性、标志性、创新性工程，是在百年未有之大变局和中华民族伟大复兴全局的大背景下，提升我国文化软实力、提高中华文化国际影响力的一项重要举措，具有重大的现实意义和深远的历史意义。

百科三版的编纂工作经国务院立项，得到国家各有关部门、全国科学文化研究机构、学术团体、高等院校的大力支持，专家、学者5万余人参与编纂，代表了各学科最高的专业水平。专家、作者和编辑人员殚精竭虑，按照习近平总书记的要求，努力将百科三版建设成有中国特色、有国际影响力的权威知识宝库。截至2023年底，百科三版通过网站（www.zgbk.com）发布了50余万个网络版条目，并陆续出版了一批纸质版学科卷百科全书，将中国的百科全书事业推向了一个新的高度。

重文修武，耕读传家，是我们中国人悠久的文化传承。作为出版人，我们以传播科学文化知识为己任，希望通过出版更多优秀的出版物来落实总书记的要求——推动文化繁荣、建设中华民族现代文明，努力建设中国式现代化强国。

为了更好地向大众普及科学文化知识，我们从《中国大百科全书》第三版中选取一些条目，通过"人居环境""科学通识""地球知识""工艺美术""动物百科""植物百科""渔猎文明""交通百科"等主题结集成册，精心策划了这套大众版图书。其中每一个主题包含不同数量的分册，不仅保持条目的科学性、知识性、准确性、严谨性，而且具备趣味性、可读性，语言风格和内容深度上更适合非专业读者，希望读者在领略丰富多彩的各领域知识之时，也能了解到书中展示的科学的知识体系。

衷心希望广大读者喜爱这套丛书，并敬请对书中不足之处给予批评指正！

《中国大百科全书》编辑部

"渔猎文明"丛书序

　　狭义的渔业仅包括捕捞业和水产养殖业的生产活动及其产品，甚至仅指捕捞渔业；广义的渔业除包含捕捞业和水产养殖业外，还包含加工、贮藏、流通等在内的第二产业和第三产业成分。渔业的发展不仅为人类提供大量优质的动物蛋白质和脂肪源，改善人类食物结构，也为解决人口日益增长对食物的需求起到了重要作用，还促进了社会就业和经济发展，与国计民生有着重要关系。

　　《中国大百科全书》第三版中渔业是其中一个一级学科，从广义渔业的角度荟萃中外渔猎文明及学科最新研究成果，是一部立足中国、放眼世界的中国首部渔业综合性百科全书。为更广泛地传播学科知识，我们策划了"渔猎文明"丛书，从渔业学科中精选内容分编为《捕捞》《淡水养殖》《海水养殖》《加工》四个分册。

　　渔业历史悠久，可追溯到远古的渔猎时期。古籍记载和考古出土的文物都证明了在长达几十万年乃至上百万年的岁月中，渔猎是原始社会人类获取鱼、贝等重要食物的主要手段。随着捕捞工具的发展和渔场的发现，渔业作业方式即渔法也随之发展，《捕捞》分册主要从渔船、渔法和渔场三个方面介绍了渔猎文明之捕捞。

　　世界上几个文明古国都有悠久的养鱼历史，中国是世界公认的水产养殖的摇篮。在河南贾湖遗址出土的鲤骨骼证明，在约6000年前中国已开始了水产养殖活动，这也是人类最早进行水产养殖的记录。中华人民共和国成立后，中国水产养殖业发展迅速，且在"以养殖为主"的发展过程中，中国人民结合以往积累的经验走出了适合国情特点的水产养殖发展之路，形成了具有中国特色的水产养殖种类结构。《淡水养殖》《海水养殖》分册按水域分别介绍了渔猎文明之淡水养殖和海水养殖的技术。

早在原始社会渔猎生活时期，人类就学会了利用低温、光照、风力等自然条件和火上熏烤等方法储藏多余的猎物，并在人们的长期食用过程中，逐步发展起了多种加工方法，加工出多种风味的水产品。《加工》分册主要从水产品加工品、加工技术及保藏三个方面介绍了古今中外水产品加工领域的知识。

希望这套丛书能够让读者更多地了解和认识古老而又年轻的渔猎文明，起到传播渔业科学知识的作用。

渔猎文明丛书编委会

目　录

第 4 章 淡水养殖模式 121

第1章

淡水养殖技术

淡水养殖技术是利用池塘、水库、湖泊、江河以及其他内陆水域（含微咸水）开展饲养和繁殖水生经济动植物过程中所使用技术的统称。

◆ 简史

中国淡水养殖起源于池塘养殖，也以池塘养殖为主。起源时间有两种观点，刘宠光（1905～1977）认为池塘养鱼是从殷代（公元前12世纪）开始，到周代（公元前1046～公元256）逐渐普遍；伍献文（1900～1985）则认为池塘养鱼始于公元前1142～前1135年周文王时代，截至2020年，以上两种观点尚未统一。

中国古代最初池塘养殖的是鲤鱼。之后唐代（618～907）以鲢、鳙、草鱼、青鱼、鲮等为主要养殖对象。宋代至清代（10世纪末至20世纪初期），池塘养殖技术更加完善，已趋于成熟。20世纪上半叶，淡水养殖技术已有所改进，如池塘养殖技术上增加施肥和投饵种类。同期，现代鱼病防治技术开始发轫，尤其是对鱼的寄生虫病进行了一定的研究，已有不少成果。

1949年后，传统养鱼技术得到了进一步丰富和发展。1949～1965

年，中国淡水养殖业大体经历了两个发展阶段：① 1950 ~ 1957 年，这是中国淡水养殖渔业生产恢复发展时期。主要特点是：水产品总产量逐年递增；水产养殖面积从小到大，养殖产量逐步提高，特别是淡水养殖发展较快，养殖面积增幅较大；水产品人均占有量呈明显上升趋势，渔业基础设施建设取得重大进展。② 1958 ~ 1965 年，是中国渔业生产的徘徊时期。主要特点表现为：水产品生产起伏跌宕，淡水养殖生产徘徊不前，受许多地方围湖、填塘种粮的影响，养殖面积一度大幅下降。但同期的渔业科技发展有了重大突破。如 20 世纪 50 年代一项重大技术成果是家鱼人工繁殖获得成功，使中国主要养殖鱼类的鱼苗生产从根本上改变了依靠天然捕捞的被动局面，达到人工控制，就地有计划生产，满足养鱼生产发展的需要。1958 年总结出了"水、种、饵、混、密、轮、防、管"的"八字精养法"。在人工饵料技术方面，除对提高鱼类饵料适口性进行大量研究外，还在广辟饲料来源方面进行大量研究工作，总结出"种（草）、养（畜禽）、找（饲料）、引（农副产品）、制（糖化发酵饲料）"五字方针。在鱼病防治方面，仍主要集中在对鱼类寄生虫病进行一定研究，不仅发现一批新的寄生虫，还对部分寄生虫病的防治进行研究试验，对部分细菌性疾病、水霉病也进行了初步研究。60 年代，池塘养鱼技术进一步提高，亩净产达 330 ~ 480 千克。对鱼池进行了改造，建设了高产稳产池塘。

1966 ~ 1976 年，中国的淡水养殖技术有了一定的发展，主要表现在：①养殖种类进一步增加，除传统饲养的鲢、鳙、草鱼、青鱼、鲮、鳊、鲫等鱼类外，还发展了团头鲂、罗非鱼、胡子鲇、异育银鲫等养殖品种。②在池塘养殖技术上，总结推广了小塘改大塘、浅塘改深塘等鱼塘改造技术，推广了池塘套养大规格鱼种，进一步缩短成鱼养殖周期，极大地提高了养殖产量。③在湖泊、水库、河道等大水面养殖技术上，大力开发小型湖泊、水库养殖潜力，从粗养逐渐向精养方向发展，在大中型湖泊和水库重点探索围栏养殖技术，大力开展网箱养鱼试验，用网箱养殖鱼苗和成鱼，均取得较好成绩。④在人工颗粒饲料技术上，重点开展饲料的配合研究，研究利用粗饲料或农副产品部分代替精饲料。⑤在渔业机械方面，发明和使用了渔业增氧机，促进了池塘密放精养和鱼产量的提高。

1977～2000年，中国的淡水养殖业获得了飞速的发展，淡水养殖总产量从1976年的74万吨猛增到2000年的1513万吨，在短短20余年时间中增长了20多倍，成为世界上第一淡水养殖大国。不仅使中国多年形成的不合理的渔业生产结构得到调整，而且加强了渔业生产在国民经济和改善人民生活水平中的地位。其主要表现在以下4个方面：①配合饲料的研制和在生产上大面积推广应用，提高了养殖产量。②从国外陆续引进了一些优良养殖对象，如大口黑鲈、淡水白鲳等，生产上还开发了一批经济价值较高的本土养殖对象，如鳜鱼、鳖、龟等，养殖品种得到了极大丰富。③在池塘养鱼方面，主要通过推广配合饲料、完善池塘配套工程、推行适度密养和科学管理等措施，使池塘养鱼产量得到很大提高。同时大力发展综合养鱼模式。④大水面养殖技术得到了快速发展，特别是三网（网箱、网围、网栏）养殖技术，工厂化养殖技术和流水养殖技术也在一些养殖品种上得到了应用。

进入 21 世纪后，人们的水产品质量安全意识和水环境保护意识逐步增强，相继发展了无公害养殖技术、工厂化养殖技术、循环水养殖技术、生态养殖技术等。

◆ **基本内容**

淡水养殖过程包括苗种繁殖、苗种培养及成体养殖。淡水养殖模式主要有池塘养殖、湖泊增养殖、水库增养殖、河道增养殖、稻田养殖、网箱养殖、流水养殖、网围养殖、工厂化养殖及综合养殖等。主要淡水养殖设施有淡水苗种繁育设施、池塘养殖设施、网箱养殖设施、温室大棚设施、工厂化养殖设施等，应用最广泛的是池塘养殖设施。

淡水养殖过程包括养殖品种的选择、病害的防治、饲料的选择和投喂管理等过程。水产遗传育种培育出的新品种丰富了淡水养殖的养殖品种，新品种优良的养殖性状提高了生长速度和养殖产量；水产养殖病害的研究解决了淡水养殖中养殖对象常见病害的防治问题；水产养殖饲料的研究丰富了淡水养殖常用饲料的种类，提高了养殖对象的生长速度和养殖产量；水产养殖种类的拓展为淡水养殖提供了更多的可养殖品种。

◆ **评价**

淡水养殖产量占水产养殖总产量的比重较大。养殖的淡水水产品是食品安全的重要组成部分。淡水水产动物也是主要的动物蛋白质来源之一，在人类的食物结构中占有重要的位置。据 2022 年统计资料显示，2021 年中国水产养殖总产量为 5394.41 万吨，其中淡水养殖产量为 3183.27 万吨，占水产养殖总产量的 59.01%；中国水产养殖总面积为 7009.38 千公顷，其中淡水养殖面积为 4983.87 千公顷，占水产养殖总面积的 71.11%。淡水养殖业对社会的贡献巨大，尤其是淡水鱼养殖业，产业地位十分重要，具体表现在：①淡水鱼对保障粮食安全、满足城乡居民消费发挥着非常重要的作用。水产养殖是世界上最有效率的动物蛋白生产技术，中国的水产养殖产量占到世界水产养殖产量的近 70%。中国是世界上唯一一个水产养殖产量超过捕捞产量的渔业大国，而淡水养殖又是水产养殖中鱼产量的主要来源，其对粮食安全的重要性已越来越受到重视。②淡水鱼满足了人类摄取水产动物蛋白的需要，提高了人类的营养水平。③淡水鱼养殖业已从农村副业转变成为农村经济的重要产业和农民增收的重要增长点，对调整农业产业结构、扩大就业、增加农民收入、带动相关产业发展等方面发挥了重要作用。淡水鱼养殖的发展还带动了水产苗种繁育、水产饲料、渔药、养殖设施和水产品加工、储运物流等相关产业的发展，不仅形成了完整的产业链，也创造了大量的就业机会。

此外，淡水鱼养殖业在提供丰富食物蛋白的同时，在改善水域生态环境方面也发挥了不可替代的作用。中国淡水鱼类养殖是节粮型渔业的典范，其食性多数是草食性鱼类和杂食性鱼类，甚至以藻类和浮游动物为食，食物链短，饲料效率高，是环境友好型渔业。另外，淡水鱼多采用多品种混养的综合生态养殖模式，通过搭配鲢、鳙鱼等以浮游生物为食的鱼类，稳定了生态群落，平衡了生态区系。通过鲢、鳙鱼的滤食作用，一方面可在不投喂人工饲料的情况下生产水产动物蛋白；另一方面，可直接消耗水体中过剩的藻类，从而降低水体的氮、磷总含量，达到修复富营养化水体的目的。

淡水鱼类养殖

淡水鱼类养殖是指在人为可控淡水环境条件下，将鱼类苗种培养至商品规格的过程。广义上也可包括鱼类资源增殖。

中国淡水养鱼发展的历史可追溯到 3000 多年前的殷代。在长期的生产实践中，人们积累并创造了丰富的养鱼经验和完整的养鱼技术。中国具备优良的自然条件和辽阔的水域。据 20 世纪 80 年代初统计，淡水水域约有 1.67 千万公顷，占国土面积的 2% 左右，其中可以进行养殖的水面 500 万公顷，还有大量的稻田具备养鱼条件。在世界范围内，淡水鱼类养殖中最重要的鱼类有鲤科鱼、罗非鱼、鲑鱼和鲇鱼等。

按养殖方式，淡水鱼类养殖可分为精养、粗养、单养、混养、工厂化养殖以及静水式、流水式养殖。按养殖模式，淡水鱼类养殖可分为淡水池塘养殖、山塘养殖、湖泊增养殖、水库增养殖、河道增养殖、淡水网箱养鱼、淡水流水养鱼、网围养鱼和综合养鱼等。

发展淡水鱼类养殖能为人类提供优质动物蛋白食品。在动物饲养中，鱼类是水生变温动物，较之陆生恒温的家畜、家禽能量消耗少，饲料转化效率高，产品中动物蛋白质含量也高。也能为工业提供原料，是医药工业、化学工业、饲料工业等的重要原料来源。发展淡水鱼类养殖对于弥补海洋捕捞的不足具有重大作用。随着世界人口的迅速增长和经济的发展，人类对动物性蛋白质的需求量日益增加，但捕捞量受到天然渔业资源的限制。渔业预测指出，年渔获量不断增加的趋势已达顶点，未来单靠捕捞天然渔业资源将无法满足需求。发展鱼类养殖有利于维持生态平衡。在近海地区，可因养殖产量增长减轻捕捞强度，防止过度捕捞导致生态失去平衡；在内陆水域，淡水养殖与一些农业生产相结合，有利于形成良性生态循环。

草鱼养殖

草鱼养殖是指在人工可控制环境条件下，将草鱼苗种培育至商品规格的过程。草鱼是中国养殖规模最大和养殖区域最广的淡水鱼类品种之一。草鱼养殖方式有池塘养殖、河道增养殖、湖泊养殖、水库养殖、网箱养殖、工厂化养殖等，具体养殖形式有单养、混养和套养等。中国大部分地区的草鱼以池塘混养为主。

◆ 养殖环境条件

草鱼养殖需要根据草鱼的生活习性，人工创造适于草鱼生长的环境。如要求水源充足，水质清新、无污染，进排水方便等。池塘养殖面积以 3500 ~ 6000 平方米为宜，池底淤泥少，壤土底质，水深 1.5 ~ 3.0 米。精养池塘每亩配备增氧机 1 台。池塘注、排水口设置过滤和防逃网。鱼种放养前 20 ~ 30 天排干池水，曝晒池底。

◆ 养殖管理

在池塘养殖中，一般投喂商品颗粒饲料，也可投喂水草和陆草。池塘主养草鱼的鱼种放养密度为 1 ~ 5 尾 / 米 ^{3}，规格 125 ~ 250 克 / 尾。混养草鱼的产量通常为 1000 ~ 8000 千克 / 公顷，占总产量的 15% ~ 40%，混养鱼类主要是鲢、鳙、鲫、鲤等，以清除饲料残渣，控制浮游生物生长，调节水质，同时增加经济效益。

草鱼养殖常见病害有草鱼出血病、草鱼赤皮病、白皮病、水霉病、小瓜子虫病等。可根据具体病症采取放养前彻底清塘；放养中勤巡塘，及时隔离病死鱼体，注射灭活疫苗或使用渔药；捕捞后减少鱼体损伤，从而减轻或避免鱼病的发生。

青鱼养殖

青鱼养殖是指在人工控制环境条件下，将青鱼苗种培养至商品规格的过程。青鱼为温和型肉食性鱼类，传统青鱼养殖以天然饵料（螺蛳、黄蚬等）为主，由于天然饵料资源不断下降，已普遍使用配合饲料进行养殖，养殖方式主要为池塘主养或混养。

◆ 养殖环境条件

青鱼养殖池塘宜选在水源充足，注、排水方便，水质良好之处。池塘面积 0.3 ~ 1.5 公顷，水深 1.5 ~ 2.5 米，池埂坚实，不渗漏，池底平坦，淤泥少。鱼种放养前，清除池塘中过多的淤泥，曝晒池底，然后加水 30 厘米，按 2250 千克 / 公顷全池泼洒乳化生石灰。池塘具备动力电源，每 0.2 ~ 0.4 公顷水面配备 3 千瓦叶轮式增氧机 1 台。青鱼生存温度为 0 ~ 40.5℃，最适宜生长温度为 20 ~ 30℃，pH 为 6 ~ 9，水中溶氧量不低于 3 毫克 / 升。

◆ 苗种放养

全国不同地区的青鱼池塘养殖模式各具特色，即使在同一地区也有多种养殖生产模式。

◆ **饲养管理**

①投饲管理。用粗蛋白质含量32%～34%的青鱼专用配合饲料（沉性或浮性膨化颗粒饲料）投喂。日投饲率按照水温和规格调整，长江中下游地区的投饲率为3月1.5%、4月2%、5月3%、6月4.5%、7月5%、8月5.5%、9月5%、10月3%、11月2%，每天投喂2～4次。②巡塘。每天坚持早晚巡塘，检查水质，观察鱼类生长情况。在6～9月，晴天中午开机增氧1～2小时，阴雨天凌晨3～4点要开启增氧机。③水质管理。定期加注新水，保持水质"肥、活、嫩、爽"，6～9月每10～15天全池泼洒生石灰1次，用量为225～300千克/公顷。④病害防治。在养殖过程中，定期用消毒剂全池泼洒消毒，鱼病高发季节还需适当投喂添加预防药物的药饵。⑤生产记录。坚持填写池塘管理日记，及时记录放养和捕捞，天气、气温、水温和水质变化，投饲和用药，鱼的活动、摄食和浮头以及鱼病发生情况等。

◆ **发展前景**

作为中国特有的"四大家鱼"之一，青鱼养殖在中国呈稳步发展趋势。2021年，中国青鱼养殖年产量为71.66万吨，居淡水养殖鱼类产量的第8位。主要产区为江苏、浙江、湖北、湖南、安徽等地。随着青鱼营养和配合饲料技术的不断发展，尤其是青鱼膨化颗粒饲料的推广应用，提高了中国青鱼养殖的生产技术水平，以高质量配合饲料为基础的池塘青鱼环境友好型养殖模式，将成为未来青鱼养殖产业转型升级的主要发展方向。

鲤鱼养殖

鲤鱼养殖是指在人工可控环境条件下，将鲤鱼苗种培养至商品规格的过程。中国的主要鲤养殖品种有松浦镜鲤、福瑞鲤、黄河鲤等，主要养殖区域在山东、辽宁、河南、黑龙江等地。鲤的养殖方式主要有池塘主养和池塘混养两种形式。在池塘混养中，一般鲤占 75% ～ 80%，其他滤食性鱼类和草食性鱼类占 25% ～ 20%。中国不同地区鲤池塘养殖产量差异很大，低产池塘只有 0.75 万千克 / 公顷左右，高产池塘可达 3 万千克 / 公顷以上。

◆ 养殖环境条件

鲤鱼养殖需在水源充足，水质良好的地区。鲤鱼养殖池塘面积以 0.2 ～ 1 公顷为宜，水深 2.0 ～ 2.5 米，池水透明度 ≥ 20 厘米，池底淤泥厚度 ≤ 20 厘米。池塘不渗漏，池底平坦，饲料台设置在池塘上风处。每公顷水面配备 11.25 千瓦增氧机械。苗种放养前，用生石灰或漂白粉干池消毒。

◆ 苗种放养

鱼种要求体形正常，体质健壮，游动活泼。检疫合格，不带传染性疾病或寄生虫。鲤池塘主养一般搭配一定数量的鲢、鳙等鱼类。北方地区鲤养殖周期为 2 年，即头年 6 月放养鲤夏花鱼种，翌年养成食用鱼；南方地区养殖周期一般为 1 年，即 4 月中旬放养当年鲤夏花鱼种，当年 11 月后养成商品鱼，小部分未达商品鱼规格的于翌年 5 月后捕捞上市。

◆ 饲养管理

①饲料投喂。以投喂配合饲料为主，配合饲料符合 NY 5072 和 SC/T 1026 的规定，饲料粗蛋白含量 ≥ 30%。依照"定时、定位、定质、定量"原则投喂饲料，日投饲量视天气、水质等情况灵活调整，每次投喂以鱼吃八成饱为宜。②巡塘。每天坚持早晚巡塘，检查水质，观察鱼类生长情况。根据养殖密度适时开启增氧机，在 6 ～ 9 月，晴天中午开机增氧 1 ～ 2 小时，阴雨天凌晨 3 ～ 4 点开启增氧机。③水质管理。定期加注新水，保持水质"肥、活、嫩、爽"，当池水 pH 小于 7 时可全池泼洒生石灰，每次用量为 20 ～ 30 克 / 米^2。定期使用微生态制剂改良池塘水质和底质。④病害防治。坚持以防为主、防治结合的综合防治措施。防治用药时，不使用禁用渔药，慎用抗生素，推荐用微生态制剂。

团头鲂养殖

团头鲂养殖是指在人工可控环境条件下，将团头鲂苗种培养至商品规格成鱼的过程。团头鲂主要在中国大陆地区养殖，主产区在湖北、江苏、上海、湖南、江西、安徽等地。团头鲂养殖一般分为鱼苗培育、鱼种培育和成鱼养殖 3 个阶段。主要养殖方式有池塘养殖、网箱养殖和湖泊水库放养等。自 20 世纪 70 年代团头鲂人工驯养成功以来，全国各地都有引种养殖。2019 年，全国团头鲂养殖产量达 76.28 万吨，居中国淡水养殖鱼类产量第 7 位。

◆ 池塘养殖

团头鲂池塘养殖分为主养和套养两种形式。养殖池塘面积一般在

0.2 ～ 1 公顷，水深 1.5 米以上，池底平坦，无渗漏，底质好，塘底淤泥深度 20 厘米左右，每 0.3 ～ 0.5 公顷水面配备 1 ～ 2 台增氧机。鱼种放养前，将池水排干，曝晒池底，并用 1125 ～ 1500 千克/公顷生石灰干法清塘，清塘后 7 ～ 10 天使用生物肥培肥水质。在长江中下游地区，一般每年 12 月至翌年 3 月投放团头鲂鱼种，放养规格 50 ～ 100 克/尾，团头鲂主养池塘的放养数量为 1.5 万～ 1.8 万尾/公顷，15 天后再混养 100 ～ 250 克/尾的鲢、鳙等鱼种，放养数量 3000 ～ 5000 尾/公顷。养殖过程以投喂颗粒饲料为主，饲料粗蛋白约 30%，同时搭配青饲料。5 ～ 8 月份，养殖水体每月泼洒二氧化氯一次，防止暴发性疾病发生。在主养草鱼、鲫、鲤或其他淡水鱼类的池塘中，可套养 50 ～ 100 克/尾的团头鲂鱼种 1500 尾/公顷。

◆ **网箱养殖**

团头鲂养殖网箱应一般设置在水深 5 米以上，透明度 1 米以上的大型水体内，网箱规格一般为 6 米 ×6 米 ×2.5 米或 5 米 ×5 米 ×2.5 米，网目 3.0 厘米，放养规格 80 ～ 120 克/尾，放养数量 100 ～ 150 尾/米^2。养殖过程主要投喂颗粒沉性饲料或浮性饲料，饲料粗蛋白约 30%。

◆ **湖泊水库放养**

宜选择水草比较丰盛的湖泊、水库等放养团头鲂，以使放养的团头鲂能够找到适宜的栖息环境和适口的饵料。为了提高放养团头鲂的成活率，放养前最好在放养水域捕捞或驱赶凶猛鱼类，并在远离进出水口的水域放养，以免放养鱼种逃逸或流失。

团头鲂养殖过程中，病害以"预防为主、防治结合"为原则。常见病害有车轮虫病、指环虫病、小瓜虫病、细菌性烂鳍病、细菌性赤皮病、水霉病、肠炎病等。可从鱼种选择、养殖环境养护、科学饲养、加强巡塘等方面预防。

罗非鱼养殖

罗非鱼养殖是指在人为控制的环境条件下，将罗非鱼苗种培养至商品规格的过程。

◆ **养殖概况**

罗非鱼养殖品种主要有尼罗罗非鱼、莫桑比克罗非鱼、奥利亚罗非鱼、黑边罗非鱼、齐氏罗非鱼、红罗非鱼、奥尼鱼、福寿鱼等，其中尼罗罗非鱼的养殖产量约占罗非鱼总产量的2/3。中国于1956年引进莫桑比克罗非鱼，1978年引进尼罗罗非鱼，主要养殖品种为吉富罗非鱼和奥尼罗非鱼。罗非鱼为热带性鱼类（生长温度16～38℃），中国主产区集中在广东、广西、海南、福建和云南，产量占全国的90%。

◆ **养殖方式**

罗非鱼养殖方式主要有池塘养殖、网箱养殖、流水养殖和稻田养殖等。

池塘养殖

罗非鱼养殖池塘的面积一般1亩左右，水深1.5～4米，池底平坦，塘基坚固，保水性能好。在鱼种放养前进行清整、消毒和施肥。当水温稳定在18℃以上时放养鱼种。罗非鱼池塘主养，放养体长5厘米的鱼种3000～4000尾/亩或8～10厘米的鱼种2000～3000尾/亩，产量可达1000～1500千克/亩。

网箱养殖

罗非鱼养殖网箱应设置在背风向阳、水面宽阔、无污染的湖泊、水库、海湾等水域，水深 4 ～ 8 米，箱底离开水底 1 米以上。养殖区最好有 0.2 米 / 秒以下的微流水，有利于箱内外水体交换。放养的鱼种体长应不低于 6 厘米，根据养殖技术管理水平和水域环境条件确定放养密度，通常体长 8 ～ 10 厘米的鱼种放养密度为 100 ～ 200 尾 / 米^3，经过 5 ～ 6 个月的饲养，单产可达 80 千克 / 米^3。

流水养殖

罗非鱼流水养殖池以长方形、圆形和椭圆形较为普遍，面积 30 ～ 50 平方米，最大不超过 160 平方米，水深 1.2 ～ 2 米。水池注水可采用溢水式、散射式、水帘式和喷雾式等。排污口设置在池底中央，并设有拦鱼栅。流水养鱼密度受设施排污能力、溶氧等的限制，流水养殖罗非鱼的产量可达 3 万～ 5 万千克 / 亩。

稻田养殖

养殖罗非鱼以水源充足，进、排水方便，保水力强，水质、土质优良，土壤肥沃的水稻田为宜。稻田中养鱼沟的深度一般 30 ～ 50 厘米，沟宽 30 ～ 50 厘米。根据稻田大小，鱼沟可开成"十"字、"井"字等形状，鱼沟和鱼溜面积占稻田面积的 8% 左右。鱼种放养一般在插秧后 7 ～ 10 天，根据水稻栽种管理要求和施肥种类、数量等确定放养量，一般放养体长 4 ～ 6 厘米的鱼种 300 ～ 400 尾 / 亩，并搭养少量草鱼、鲢鱼。稻田养殖罗非鱼产量一般在 20 ～ 30 千克 / 亩，稻谷增产 10% 以上。

◆ **饲料要求**

罗非鱼养殖常用颗粒饲料、膨化饲料等全价人工配合饲料。罗非鱼体重小于 50 克时，饲料蛋白质以 32% 为宜；体重高于 50 克，饲料蛋白质以 30% 为宜。罗非鱼体重 50 ～ 200 克，饲料粒径 3 毫米；体重高于 200 克，饲料粒径 5 毫米。根据体重调整投饲量。

◆ **水质管理**

罗非鱼池塘养殖水体的溶氧应保持在 3 毫克 / 升以上，水色为茶褐色，透明度 25 ～ 30 厘米。当透明度减小、水质恶化时，需采取换水或使用微生态制剂等方法改善水质。5 ～ 6 月份，池塘水深应保持在 1.5 米左右；7 ～ 8 月份水深保持在 1.8 米以上。

中国的罗非鱼养殖已基本实现了良种化、产业化及信息化，但罗非鱼养殖还需要继续培育抗病、抗逆、肉质好的养殖良种；在养殖过程中需要控制放养密度，投喂优质全价饲料；保证良好的养殖环境，控制养殖过程中疾病的发生，实现健康养殖。

鲫鱼养殖

鲫鱼养殖是指在人工可控环境条件下，将鲫鱼苗种培育至商品规格的过程。中国养殖鲫鱼已有 2000 多年的历史，除青藏高原以外均有养殖。20 世纪 80 年代以来，异育银鲫、方正银鲫、彭泽鲫、异育银鲫"中科 3 号"等鲫鱼品种在全国普遍推广，鲫鱼养殖规模越来越大。鲫鱼的养殖模式主要有池塘主养、套养和混养等。

◆ 池塘养殖条件

鲫鱼成鱼养殖池塘面积一般 10 亩左右，水深 1.8 米以上，淤泥厚度不超过 10 厘米。鱼种放养前 1 周用生石灰清塘消毒，用量为 100 ～ 150 千克 / 亩，消毒后 2 ～ 3 天开始注水，注水时防止野杂鱼进入池内，7 ～ 10 天后放养鱼种。养殖池塘配备投饵机、增氧设备和水泵等养殖设施。

◆ 鱼种选择

鲫鱼鱼种应体质健壮，体形正常，规格整齐，无伤病，鱼种规格 25 ～ 50 克。入池前用 3% ～ 5% 的食盐水或者 10 毫克 / 升的漂白粉药浴 10 分钟，以杀灭鱼体表的细菌和寄生虫。

◆ 养殖模式的选择

鲫鱼池塘主养模式一般采用 80：20 方式。即在 12 月或者翌年初投放规格为 25 ～ 50 克 / 尾的鲫鱼种，放养密度为 2000 ～ 3000 尾 / 亩，同时搭配 100 克 / 尾的白鲢 26 尾 / 亩和鳙鱼 6 尾 / 亩。

鲫鱼混养模式通过合理搭配团头鲂、鲢、鳙鱼、鲤和草鱼等品种，实现高产高效养殖。鲫鱼能与多种大宗淡水鱼类混养，养殖比例根据实际情况确定。

鲫鱼套养模式一般是在主养草鱼、团头鲂及鲤鱼等池塘中套养少量鲫鱼，一般每亩投放鲫鱼种 100 ～ 200 尾。

◆ 投喂和管理

鲫鱼养殖过程中投喂专用饲料，蛋白质含量为 30% 左右，饲料粒径 2.0 ～ 2.5 毫米。鱼种放养后即开始投喂驯食，以减少饲料在水中停留时间,提高饲料利用率。投饵量按体重的1%～5%,一般每天投喂4次,分上、下午各2次,并根据天气、水温、水质、溶氧及鱼的活动情况等进行适当调节。在养殖过程中通过换水和投加微生态制剂等方法控制水质,同时做好池塘消毒工作,避免疾病发生。

◆ **病害防控**

鲫鱼养殖中的病害主要是孢子虫病和鲫出血病。孢子虫病的防控措施主要是:①进行严格的清塘消毒,消除水和底泥中水蚯蚓和放射孢子虫,切断传播途径。②鱼种下塘前用晶体敌百虫和硫酸铜合剂进行浸浴,防止将孢子虫带进池塘。③另外改变养殖模式,适当增加其他养殖鱼类比例,减少黏孢子虫传播。鲫出血病的防控措施主要是改善养殖环境、维持水质稳定、减少和避免养殖鱼类应激性刺激等,也可通过添加免疫增强剂增强自身免疫力,减少疾病发生。另外,合理混养也可以避免此类疾病的发生。

鲑鳟鱼养殖

鲑鳟鱼养殖是指在人工可控环境条件下,将鲑鳟鱼苗种培养至商品规格成鱼的过程。中国大陆鲑鳟鱼主要养殖种类包括虹鳟、金鳟、哲罗鲑、美洲红点鲑、白斑红点鲑、花羔红点鲑、山女鳟、褐鳟、细鳞鲑。中国有鲑鳟鱼养殖场2000多家,除海南以外其余省、自治区、直辖市均有养殖,主养区分布在四川、青海、云南、山东、甘肃、新疆。2015年生产食用鱼4.2万吨。生产方式包括池塘直流水、网箱及循环水养殖。以池塘直流水养殖为例。

◆ 池塘条件

在鲑鳟鱼养殖中，按照使用目的，一般分为苗种池、成鱼池和亲鱼池。一般地，苗种池面积 10～30 平方米，水深 20～40 厘米；鱼种池面积 50～100 平方米，水深 40～60 厘米；成鱼池面积 100～200 平方米，水深 60～80 厘米；亲鱼池面积 200～300 平方米，水深 80～100 厘米。鱼池形状有圆形、六角形和长方形，总的要求是水流通畅，便于管理和捕捞。水质条件是溶氧量 7 毫克 / 升以上，pH 为 6.8～8.3，适宜水温 14～17℃。

鲑鳟鱼养殖要掌握水量和水温的周年变化规律，并作某种程度的预测，求出在不同月份的载鱼量，再根据鱼池性能和状况，确定年初的饲养量、周年的载鱼量，并根据市场需求实现最终生产量。

鲑鳟鱼养殖饲养密度受水量、水温、溶氧量、鱼的耗氧和代谢产物积累等多种因素的制约，因此水量、温度和氧气是影响饲养密度的三大要素。

如果水温相对恒定，鲑鳟鱼养殖一般是以单位时间注水量的多少确定放养数量，同时也要参考鱼池面积决定放养密度，也可以根据鱼池换水率来确定放养密度。如果鲑鳟鱼类养殖用水溶解氧低于 5 毫克 / 升，需通过增氧措施使排水口的溶氧量维持在 6 毫克 / 升以上。

◆ 饲养管理

鲑鳟鱼养殖过程中，每隔两周需对塘鱼进行抽样计算平均体重及存活数量，再根据投喂率对应数据，计算出每半个月用料量。这样可以获得理论上的饲料效率，通常最高饲料效率的投喂量应是饱食量的

70% ～ 80%，过多或过少都会降低饲料效率。要确定适当的投喂量必须掌握鱼池的载鱼量，可连续 3 天投入饱食量，将平均投喂量除以相应的饱食率得出载鱼量。

鲑鳟鱼饲养过程中应定期进行规格或疏池筛选，规格筛选是将规格相近的鱼在同池中饲养，疏池筛选是在密度接近饱和的饲养条件下及时分池养殖。

淡水甲壳动物养殖

淡水甲壳动物养殖是指在人工可控环境条件下，将淡水甲壳动物苗种培育至商品规格的过程。淡水甲壳类主要包括青虾、罗氏沼虾、克氏原螯虾、中华绒螯蟹等。据《2022 中国渔业统计年鉴》，2021 年中国淡水甲壳类养殖总产量 383.76 万吨（不包括淡水养殖的凡纳滨对虾），其中青虾 22.44 万吨，罗氏沼虾 17.13 万吨，克氏原螯虾 263.36 万吨，中华绒螯蟹 80.83 万吨。中国淡水甲壳类养殖地区涵盖了除西藏以外的所有省、自治区、直辖市。淡水甲壳类养殖包括养殖环境条件选择、苗种放养、饲养管理、捕捞等环节。

◆ 养殖环境条件

水源水质。淡水甲壳动物养殖要求水源充足，水质清新、无污染。在中国，水质应符合 GB 11607—89《渔业水质标准》和 NY 5051—2001《无公害食品　淡水养殖用水水质》规定。

池塘条件。淡水甲壳动物养殖要求池塘为长方形、东西向。土质以壤土或黏土为佳。塘堤坚固、不渗漏。池埂坡度平缓，面积 3 ～ 20 亩。底质无工业废弃物和生活垃圾、无大型植物碎屑和动物尸体、无异色异臭，淤泥厚度不超过 15 厘米。有完整进排水系统，进、排水分开。要求配备增氧设施设备，中华绒螯蟹和克氏原螯虾养殖还需配备防逃设施。

清塘消毒。淡水甲壳动物养殖需要对养殖池塘进行清整，清除过多淤泥；用生石灰、强氯精或漂白粉进行消毒，并杀灭池塘中野杂鱼等敌害生物；充分晒塘，要求晒到塘底全面发白、干硬开裂。

注水施肥。淡水甲壳动物养殖池塘注水需要用过滤网进行过滤；注入池塘的新水用腐熟的有机肥或商品生物肥料肥水，使水体保持一定的藻相平衡，为甲壳类动物提供生物饵料。

水草种植。淡水甲壳类主养或以淡水甲壳类为主的养殖模式，均要求种植水草或搭建人工附着物（隐蔽物）。栽种的水草品种包括轮叶黑藻、伊乐藻、金鱼藻、苦草、水花生等。要求以沉水植物为主，多品种搭配，密度适当，分布均匀，以满足甲壳类栖息、隐蔽、摄食、生长、繁殖、游动通道畅通的需求。水草覆盖面积控制在池塘总面积的20% ～ 70%，养殖早期水草覆盖率低，往后逐步增加，过多时人工捞除。

◆ 苗种放养

淡水甲壳类养殖模式较多，包括主（单）养、混养等。在淡水甲壳类主（单）池塘中，常常搭养少量鲢、鳙。混养可较充分地利用水体自然资源，除虾蟹类互相混养外，还可与其他水产品种如鱼类、鳖等混养，其中中华绒螯蟹与青虾混养模式较为成功，这种模式被淡水甲壳类养殖较集中的中国江苏等地广泛采用；混养可两品种混养或多品种混养。依据品种和养殖模式不同，苗种放养的时间、规格、数量均有所不同。

◆ **饲养管理**

饲料投喂。淡水甲壳动物养殖饲料要求新鲜、适口、无腐败变质、无污染。以优质全价配合饲料制成颗粒状为佳，粗蛋白质含量达30%～46%。在养殖过程中，投喂饲料的种类要稳定，不要频繁改变饲料。日投喂量养殖前期占全池虾蟹总重量的比例可高一些，养殖中后期可适当低一些。甲壳类吃食强度夜间明显高于白天，若每天一次投喂，应在傍晚进行；若每天2次投喂，一般上午投喂日投喂量的1/3，傍晚投喂日投喂量的2/3。通常投喂在池塘周边浅水区，如水草覆盖率较高，则全池投喂。

水质底质调控。淡水甲壳动物养殖全过程要保持水质"肥、活、嫩、爽"，视水质肥瘦情况适时加施追肥或加注新水。池塘水体中溶解氧保持在5毫克/升以上，氨氮、亚硝酸盐、硫化氢等有毒有害物质含量控制在最低水平。经过一段时间养殖，剩余残饵、动物粪便沉积池底，需要注意观察底质好坏，并适时施用光合细菌、芽孢杆菌、沸石粉等进行底质改良。

增氧。淡水甲壳动物养殖在高温生长旺季需要每天开启增氧设备，以增加水中溶氧。每天下半夜至第二天早晨太阳出来前开机；阴雨天视情况适当延长开机时间，连续阴雨天气全天开机；闷热天气白天也要开机；雷阵雨前要及时开机。

微生物制剂使用。淡水甲壳动物养殖中后期，每隔7～15天泼洒一次有益微生物制剂。使用时选择晴好天气，开启增氧设备；微生物制剂必须在消毒药物使用 3 天后方可使用。

通过水草调控水质。淡水甲壳类养殖池塘种植水草不仅可减少自相残杀，还可调控水质。水草总体覆盖率依据不同养殖品种和不同养殖阶段要求不同，一般前期较低，中后期可高一些，但不能过高。当水草覆盖率超过上限时，可采用每隔 1～3 米间隔割或拔的办法清除部分水草。

◆ 捕捞

甲壳类捕捞工具主要有地笼，还有拉网、拖网、手抓等。捕捞时间依养殖品种、养殖方式而定。春季养殖的青虾一般 4 月底开始捕捞，至 6 月中旬捕捞完毕；秋季养殖的青虾 9 月下旬开始捕捞，至次年春节结束。罗氏沼虾不耐低温，一般在水温 22℃ 开始捕捞，水温降至 18℃ 以前捕捞完毕。克氏原螯虾根据具体情况一年四季均可捕捞。中华绒螯蟹捕捞一般在 10～12 月进行。

◆ 价值

淡水甲壳类肉质鲜美、营养丰富，经济价值高，养殖效益好，受消费者和养殖户欢迎。淡水甲壳类养殖是水产养殖业的重要组成部分，在农业增效和农民增收方面具有重要作用，经济效益和社会效益显著。淡水甲壳类具有自相残杀的特殊习性，养殖过程对水草依赖度极高，养殖户因经济利益驱动会自发种植水草，在增产增效的同时大幅度改善水质，使淡水甲壳类养殖池塘的水质普遍优于水源水质，生态效益和环境效益显著。

克氏原螯虾养殖

克氏原螯虾养殖是指在人工可控环境条件下，将克氏原螯虾苗种培养至商品规格的过程。克氏原螯虾俗称小龙虾，原产于墨西哥北部和美国南部。20 世纪 30 年代从日本传入中国南京附近，已成为中国淡水虾类中的重要资源，主产区为长江中下游地区和淮河流域的江苏、安徽、江西、湖北和湖南 5 省，其产量占全国总产量的 90%。克氏原螯虾是世界性食用虾。2021 年，中国养殖面积超过 2800 万亩，养殖产量 263 万吨。克氏原螯虾养殖是在养殖水体中放养幼虾或放养亲虾后繁育出幼虾后，经人工精心培育成为商品虾的过程；该虾养殖成本比较低廉，且适宜多种水域养殖，市场潜力巨大，产业发展前景广阔。

◆ **养殖环境**

克氏原螯虾养殖场地选择要求水源充足，水质清新，无污染，进、排水方便，周围 3 千米内没有大的污染源，水源水质的 pH 为 7 ～ 8.5、溶解氧 5 毫克 / 升以上为宜；可以在池塘、稻田、藕塘、滩地等水体中养殖；养殖池塘土壤以黏土或壤土为宜，池埂不渗漏水，四周用加塑料布的聚氯乙烯网片作为防逃设施；池中移植水草，面积占全池的 1/3 左右，水草品种有马来眼子菜、伊乐草、轮叶黑藻、沮草、水花生、水葫芦等；养殖水体中配置增氧设施，如微孔增氧、水车式增氧机等，进、排水口有隔离网，防止野杂鱼进入养殖水体。

◆ **养殖方式**

克氏原螯虾养殖有两种方式：①放养幼虾（虾苗）养成商品虾；②在秋季放养亲虾，经繁育苗种再养成商品虾。放苗养殖方式因产量稳、规格大、病害少、效益好等特点，得到广大养殖户的认同，已在中国的克氏原螯虾主产区普遍应用。克氏原螯虾生长快，适应环境能力较强，可以在不同的水体中生活生长，其养殖模式很多，主要有：池塘主养、池塘虾蟹混养、稻虾轮作种养、稻虾共作种养（适宜北方水稻种植区）、藕田养殖和滩地增养殖等。

◆ 种苗放养

苗种要求体格健壮、附肢完整、无疾病，规格 150～400 尾/千克；苗种放养时间通常在 3～6 月进行。放养量根据不同养殖方式确定。

池塘主养模式。每亩放养规格 150～400 尾/千克氏原螯虾苗种 5000～6000 尾，放养时间 3～4 月。

池塘虾蟹混养模式。每亩放养中华绒螯蟹一龄蟹种 800～1200 只，规格 6～8 万尾/千克克氏原螯虾抱仔苗 7000～8000 尾；放养时间：中华绒螯蟹 2～3 月，克氏原螯虾 3 月中旬至 4 月下旬。

稻虾轮作种养模式。每亩放养规格 150～400 尾/千克的克氏原螯虾苗种 3000～6000 尾；放养时间 4 月前，5 月不放虾苗。

稻虾共作种养模式。每亩放养规格 4000～6000 尾/千克的克氏原螯虾苗种（标粗苗）3000～4000 尾；放养时间 5 月中旬至 6 月上旬。

藕田共作种养模式。每亩放养规格 120～200 尾/千克的克氏原螯虾苗种 3000～4000 尾；放养时间 6 月下旬至 7 月上旬。

◆ 饲料投喂

克氏原螯虾养殖饲料品种以配合饲料为主，要求粗蛋白含量在 30% 以上；有条件的可以适当投喂冰鲜小杂鱼，以提高养殖成活率，促进生长。日投喂 1 ～ 2 次，投喂时间 17:00 ～ 18:30，全池均匀投喂，用无人飞机投饲为最佳。苗种放养后可按放养虾量的 3% ～ 5% 计算投喂饲料，养殖 10 天后的投饲量要根据水温、天气、水质、摄食情况和水草生长情况做调整，饲料投喂后 3 小时要检查，以基本吃完略有剩余为准，如剩余较多，第二天投饲减少 10%，反之，则增加 10%。

◆ **饲养管理**

苗种放养前准备。克氏原螯虾养殖池塘（田）清塘消毒后进水 20 ～ 30 厘米，进水时用 60 ～ 80 目筛网过滤，防止野杂鱼和鱼卵进入养殖水体；根据池塘肥力施足基肥，一般每亩施放经发酵的鸡粪 150 ～ 250 千克，或经发酵的菜粕 50 ～ 100 千克；移栽伊乐草、轮叶黑藻等水草，以条带式或点垛式栽种，栽种量不超过全池面积的 1/3；条带式种草：草带宽 3 ～ 4 米，相隔 6 ～ 8 米后再种草带；点垛式种草，每垛草直径 30 ～ 50 厘米，每垛草的株行间距 10 米 × 10 米；种草后提高水位至 40 ～ 60 厘米进行克氏原螯虾苗种放养。

池水调控。克氏原螯虾养殖水体要求"嫩、活、爽、肥"，清新不混浊，池水透明度 35 厘米，pH 控制在 8.5 左右，溶解氧 5.0 毫克 / 升以上，养殖水深通常为 60 ～ 100 厘米；养殖期间每 10 ～ 15 天使用一次微生物制剂或底改剂等，以改善水质；根据水色、季节变化及时添加和注换新水，或追施肥料，有条件的可进行微流水养殖；5 月后要及时开启增氧设备，提高养殖水体溶氧，促进养殖虾生长。

水草养护。克氏原螯虾苗放养后，要投足饲料，防止虾苗过度夹草；进入 6 月后，长江流域的水草生长很快，尤其是伊乐草能长到水面，成为老草，甚至出现死亡（倒草），影响水质，导致缺氧。因此，老草要及割刈和疏稀密度，使水草长出嫩芽，促进水草生长旺盛，并能控制水草量，不使水草过度生长影响生产。

早晚巡塘。观察养殖水体的水色、水草生长的情况，以及克氏原螯虾的生长、活动、摄食、蜕壳、死亡及水质变化等情况，发现问题及时解决；定期检查、维修防逃设施，防止因损坏出现逃虾现象；专人做好塘口记录。

◆ 病害防控

克氏原螯虾养殖病害以防为主，养殖结束后要及时清塘消毒，曝晒塘底，目的是改善养殖池底质，清除有害生物和残留虾，营造良好的养殖生态环境；克氏原螯虾养殖中的主要病害是白斑综合征病毒病，是季节性病害，中国主产区的发病时间通常在每年的 5 月初～ 7 月初，民间称之为"五月瘟"，往往造成养殖池中大规格虾的陆续死亡。

克氏原螯虾养殖病害防控方法：①放苗养殖。②营造良好的养殖环境。③调控好养殖水体的溶氧量。④发病季节适当增加投饲量。⑤发病季节不放养虾，捕虾时小规格虾不回塘，避免出现应激反应现象。如出现发病情况，其应对措施如下：①尽量捞出死虾和活力不好的虾，并深埋。②全池泼洒聚维酮碘，隔天 1 次，连用 3 次。③连续 7 天投喂药物饲料，药物饲料制作方法：1% 大蒜素 +0.3% 弗苯尼考化水后与饲料拌匀投喂。

◆ 捕捞

克氏原螯虾由于个体生长发育速度差异较大，养殖过程中实行捕大留小，疏稀存塘虾数量，促进小规格虾快速生长；捕捞工具为地笼诱捕，成虾地笼的网目5厘米以上，捕捞操作时要轻、快，以减少克氏原螯虾的应激反应。不同养殖模式的捕捞时间也不相同，稻虾轮作种养模式通常在苗种放养35天后、规格达到30克/尾时开始起捕；池塘主养模式和池塘虾蟹混养模式一般到7月初开始起捕；稻虾共作种养模式和藕田共作种养模式一般在7月中旬开始起捕。地笼放入池中3天后要换点捕捞，起出的地笼经曝晒再放入池中，可提高捕捞量。初次用地笼捕捞成虾要经常观察，及时取出虾，避免地笼中存虾过多而缺氧，造成笼中虾死亡。捕出商品虾应及时分拣，按规格进行包装，经运输到市场销售。

青虾养殖

青虾养殖是指在人工可控环境条件下，将青虾苗种培育至商品虾规格的过程。青虾养殖模式按养殖品种可分为主养和混养。

◆ 主养

主养是以青虾为主要养殖对象，配养少量鱼类或其他品种的养殖模式。主养一年两季，即春季养殖和秋季养殖。

养殖环境要求有：①水源水质。要求水源充足，水质清新。水质符合 GB 11607—89《渔业水质标准》和 NY 5051—2001《无公害食品 淡水养殖用水水质》规定。②池塘条件。要求池塘为长方形，东西向，土质以壤土或黏土为佳，池堤坚固，不渗漏，池埂坡度平缓，内坡比为1：（2.5～4），面积2000～7000平方米，池深1.2～1.5米，进、排水分开，池底平整，略向出水口倾斜。淤泥少于15厘米。配备防逃防敌害过滤设施、增氧设施以及水泵、网具等生产用具。③前期准备。每季养殖前都要做好池塘清整、晒塘、消毒、种植水草、注水施肥等准备工作。

苗种放养：①春季养殖。12月份至次年3月份每亩放养规格为600～2500尾/千克虾苗10～30千克。虾苗放养15天后，可搭养少量鲢、鳙鱼。②秋季养殖。7月上旬至8月中旬每亩放养规格为1.5～3.0厘米的虾苗6万～12万尾。虾苗放养15天后，可搭养少量鲢、鳙鱼。

养殖管理：①饲料要求。饲料要求新鲜、无污染。以全价颗粒料为主，粗蛋白含量要求达30%以上。也可辅以小杂鱼、螺蛳等鲜活饵料。在养殖过程中，不要频繁改变饲料。②投喂方法。养殖前期均匀投喂近池边1～3米处，中后期全池遍撒。投饲量应据水温、天气、水质、摄食情况等而定，以投饲后4小时内吃完为度。养殖前期日投喂量为虾体重的8%～10%，后期3%～7%，每天投饲2次，上午（7:00～9:00）投日投喂量的1/3，下午（5:00～7:00）投日投喂量的2/3。③水位调控。春季养虾，5月中旬前保持水深0.5～0.7米，5月中旬至6月底，水深0.7～1.0米；秋季养虾，早期水深0.6～0.8米，中期0.8～1.0米，后期1.0～1.2米。④水质调控。养殖前期水体透明度控制在25～30厘米，中后期控制在30～40厘米，视水质肥瘦情况适时追肥或加注新水。养殖中后期每隔7～15天使用光合细菌、EM菌、芽孢杆菌等微生态制剂可改善水质。⑤底质控制。养殖中后期，剩余残饵、动物粪便沉积池底，需要注意观察底质好坏，并适时施用沸石、芽孢杆菌等进行底质改良。⑥水草控制。水草以沉水植物为主，如轮叶黑藻、尹乐藻、菹草等，要求均匀成簇分布。水草覆盖率前期控制在25%～30%，中、后期控制在30%～50%。⑦增氧。生长旺季每天下半夜至第2天早晨太阳出来前、下午 1:00 ～ 2:00 各增氧 1 次；闷热天、阴雨天视情况适当延长增氧时间，连续阴雨天气全天增氧；雷阵雨前要及时增氧。池塘水体中溶解氧保持在 5 毫克 / 升以上。⑧巡塘。每天早、晚各巡塘 1 次，观察水色变化、虾活动和摄食情况，检查塘基有无渗漏、防逃设施是否完好，发现问题及时采取措施。⑨收捞收获。春季养殖 4 月中旬开始用地笼捕大留小，直至 6 月底干塘捕捞；秋季养殖 10 月中旬开始用地笼捕大留小，天冷时可用抄网、拖网或干塘捕捉。

◆ **混养**

青虾还可与多种水产品种混养，如中华绒螯蟹、鱼类等。

中华绒螯蟹池套养青虾。池塘条件、放养前的准备，以及蟹种的放养均按中华绒螯蟹主养进行。青虾可在 12 月至翌年 3 月放养规格为 800 尾～ 3000 尾 / 千克的虾苗 1.5 万～ 3 万尾，也可在 7 月中下旬放养 2.0 厘米以上虾苗 3 万～ 5 万尾 / 亩。养殖管理基本按中华绒螯蟹主养进行。春放虾苗至 4 月底开始用地笼起捕上市。秋放虾苗于 10 ～ 12 月与中华绒螯蟹一起起捕。

鱼池套养青虾。单产每亩 500 千克以下且无肉食性鱼类的养鱼池中均可套养青虾，鱼池要求池埂坡度平缓，水深最好不超过 1.5 米，养殖管理按鱼类养殖进行。套养青虾的鱼池要特别注意增氧，水体中溶解氧应保持在 5 毫克 / 升以上。套养青虾的鱼池严禁使用敌百虫、敌杀死等菊酯类药物。

鱼种池养殖。鱼种池上半年空闲期，可主养一季春季青虾；下半年鱼种池中在 7 月上中旬可套养 2.0 厘米以上的虾苗 2 万～ 3.5 万尾 / 亩，按鱼种养殖进行管理。

成鱼池套养。一般在冬、春季每亩放养规格为 800 尾～2000 尾 / 千克幼虾 7～15 千克, 也可在 7 月中下旬放养 2.0 厘米以上虾苗 1.5 万～3 万尾 / 亩。

◆ **价值**

青虾味道鲜美、营养丰富, 经济、社会和生态效益显著, 产业发展前景广阔。

罗氏沼虾养殖

罗氏沼虾养殖是指在人工可控环境条件下, 将罗氏沼虾淡化虾苗培养至商品规格的过程。主要养殖模式有: 池塘单养、与南美白对虾(凡纳滨对虾)或中华绒螯蟹混养和稻田养殖。20 世纪 90 年代, 中国罗氏沼虾养殖因对虾养殖业遭受灾害性病害及罗氏沼虾规模化人工育苗技术的突破而获得空前发展时机, 先由广东、广西、海南、福建等南方沿海省份快速发展, 而后在江苏、浙江、上海逐渐兴起, 并逐步向北方及内陆地区扩展, 其中江苏、广东、浙江为 3 个主产省。全国养殖面积约 50 万亩, 中国已连续 15 年平均年产罗氏沼虾 13.6 万吨以上, 约占全球罗氏沼虾养殖产量的 60%, 2021 年中国罗氏沼虾养殖产量超过 17 万吨。

◆ **养殖条件**

池塘条件。罗氏沼虾养殖池塘以长方形为宜, 长方形池塘适宜的长宽比为 3 :(1～2)。坡比 1 :(3～3.5)。面积以 0.1 万～1 万平方米为宜。池深 2.0～2.5 米, 水深 1.5～2.0 米。底质为壤土或沙土。池底平整不漏水，向排水端倾斜，便于捕捞和干池。

配套设施。罗氏沼虾养殖池塘的两端独立设置进、排水口。排水渠的宽度应大于进水渠。每1万平方米配套2台1.5千瓦的水车式增氧机和1台2.2千瓦微孔曝气底增氧气泵、40～50个微孔曝气增氧盘。另配1台2.2千瓦的水泵。依据机械总动力负荷的60%左右配置柴油发电机组，以备停电急救之用。

◆ 放苗前准备

池塘清整与消毒。放苗前1～2个月，将罗氏沼虾养殖池塘积水排净，晒池，并清除池底淤泥。清淤整池后，进塘水5～10厘米，按生石灰0.2千克/米² 的用量全池泼洒消毒。

肥水与试苗。清塘消毒后，虾苗放养前10～15天，用60目筛绢过滤进水至0.7～1.0米，向水中施0.12～0.23千克/米² 发酵有机肥或1.5～5.0克/米² 无机肥以肥水。在放苗前2～3天，用准备放苗的池水试养健康虾苗24小时以上，如虾苗仍安全，则此池塘可以放苗。

◆ 虾苗放养

直放苗。当池塘最低水温达22℃以上时，虾苗直接放养入池。放养的虾苗为全长0.7厘米的淡化苗，放养密度为3万～4万尾/亩。建议在池塘一角用网围成1个100～500平方米的暂养池强化培育虾苗7～15天，或用网箱、水泥池强化培育虾苗7～15天，再将虾苗放入大塘，能提高其养殖成活率和产量。

幼虾放养。当池塘水温稳定在22℃以上时，开始放养幼虾。幼虾规格为2.0～5.0厘米。第一批放养密度2.0万～2.5万尾/亩。等虾塘第 1 批商品虾出售后，放养第 2 批经培育 1 个月左右的幼虾，规格为 2.0～3.0 厘米，放养密度 1.5 万尾/亩。

◆ 投饲管理

饲料质量。采用罗氏沼虾专用配合饲料。在罗氏沼虾不同生长阶段，投喂不同营养配方与粒径的饲料。

投饲量。实际操作中应根据池存虾数量、体重来估算，再根据摄食情况、天气状况，确定当日投喂量。每天投饲 2 小时后观察残饵情况，以基本吃完为宜。同时根据天气变化、水质状况与虾蜕皮周期进行调整，当水质不好、天气闷热、阴雨天或虾大量蜕皮时，应减少投喂量。水温过低（20℃ 以下）或过高时（32℃ 以上）减少投饲量。

投饲方法。每天投饲 2 次，6:00～7:00 投喂日投饲量的 40%，17:00～18:00 投喂其余 60%。饲料投喂应沿着池塘四周均匀撒放在离岸 2 米的水域，确保全池的虾都能摄食。

◆ 日常管理

水质指标。养殖期间的水质指标：透明度 20～30 厘米，水色黄绿色或黄褐色，pH 为 7.5～8.5，溶解氧 3 毫克/升以上，氨氮 1.0 毫克/升以下，亚硝酸盐 0.1 毫克/升以下，硫化物 0.1 毫克/升以下。

水质调节。养殖中后期，每隔 15～20 天，在晴好天气，全池泼洒生石灰 15 毫克/升，调节池水 pH、增加蜕壳所需钙质，与漂白粉 1～1.5 毫克/升或二氧化氯 0.3～0.4 毫克/升交替使用，消毒水体。不定期泼洒有益微生物制剂改善水质，用法及用量参照使用说明。可放养适量鲢鱼，以调节虾池中的藻类。视水质情况，酌情换水，每次换水量不超过

20%。

巡塘与记录。每天早晨和傍晚各巡塘1次，观察水色变化，检查虾的活动、摄食情况，检查养殖设施。定期测量水温、pH、溶氧、氨氮、亚硝酸盐和透明度等指标，每20～30天测量虾体长、体重等生长指标。每个池塘建立养殖日志，记录放养、投饲、水质、生长、换水、消毒、开增氧设备及卖虾等情况。

◆ 起捕出售

当虾苗养成规格至每尾10克以上时，用网目为3.2厘米的赶网，捕大留小。当水温下降至17～18℃时，经过4～6次的赶网起捕后，池中成品虾已不多时，宜一次性干塘捕捞池中剩余的虾。

中华绒螯蟹养殖

中华绒螯蟹养殖是指将中华绒螯蟹蟹种在人工可控环境条件下饲养至商品规格的过程。自20世纪90年代起，各地充分利用各类水域资源，不断探索创新中华绒螯蟹养殖模式，使中华绒螯蟹养殖生产呈现出蓬勃发展的局面。经过30多年的发展，中华绒螯蟹已成为中国特有的淡水名优和出口创汇水产品。2021年养殖面积达85万公顷，养殖产量80.8万吨，产值700亿元。养殖方式主要有池塘养蟹、稻田养蟹、湖泊（围栏）养蟹、河沟养蟹等，中国以池塘养蟹为主。

◆ 养殖环境条件

池塘养蟹选择与改建。池塘养蟹池应选择靠近水源，水量充沛，水质清新，无污染，进、排水方便，交通便利的土池。面积10～30亩，水深以 1.2 ～ 1.5 米为宜，池塘埂坡比 1:（2 ～ 3）。培育池底质黏土最好，黏壤土次之，底部淤泥层不超过 10 厘米。塘埂四周设防逃设施。养蟹区平底型或环沟型，环沟型四周挖蟹沟，面积 30 亩以上的还要挖井字沟。

水质标准。宜水温 15 ～ 30℃；溶解氧不低于 5 毫克 / 升，尤其是池底溶氧不能低于 5 毫克 / 升；适宜 pH7.0 ～ 9.0，最佳 7.5 ～ 8.5；透明度适宜 30 ～ 50 厘米，最佳 50 厘米以上；氨氮不高于 0.1 毫克 / 升；不得检出硫化氢淤泥。泥厚度小于 10 厘米。底泥总氮小于 0.1%。

清塘消毒。放养前 2 周，采用生石灰消毒，用量为 120 ～ 150 千克 / 亩。

种植水草。池塘沉水植物占总面积的 1/3，浮水植物占总面积的 1/3。沉水植物区用网片分隔拦围，保护水草萌发。

投放螺蛳。成蟹养殖池塘每年 4 月前应投放一定量的活螺蛳，每亩池塘投放量为 300 ～ 400 千克，投放量可根据各地实际情况酌量增减。螺蛳投放方式可采取一次性投入或分次投入法。

◆ **苗种放养**

放种前 1 周加注经过滤的新水至 0.6 米。放养蟹种的质量应规格整齐，大小 80 ～ 160 只 / 千克为好，体质健壮，爬行敏捷，附肢齐全，指节无损伤，无寄生虫附着。放养密度每亩 800 ～ 1200 只为宜。蟹种放养时间以 2 月底至 3 月中旬放养结束为宜。对面积大的养蟹池塘，可在塘内先用网布进行小面积围栏，将蟹种先放入围栏区，进行强化培养，蜕壳数次后再放开。

◆ **饲养管理**

饵料投喂。投喂的饲料应青、粗、精结合，确保新鲜适口，严禁投腐败变质饵料。各生长阶段的动、植物性饲料比例应有所不同，具体为：6 月中旬前动、植物性饲料比为 60 : 40；6 月下旬至 8 月中旬为 45 : 55；8 月下旬至 10 月中旬为 65 : 35。日投饲料量的确定：3 ～ 4 月份控制在蟹体重的 1% 左右；5 ～ 7 月控制在蟹体重的 5% ～ 8%；8 ～ 10 月控制在蟹体重的 10% 以上。

水质调控。在整个养殖期间池塘每 2 周应泼施 1 次生石灰，生石灰用量为 10 ～ 15 千克 / 亩。养殖池塘水体透明度应控制在 30 厘米以上，溶解氧控制在 5 毫克 / 升以上。

底质调控。中华绒螯蟹养殖期间应尽量减少剩余残饵沉底，保持池塘底质干净清洁，如有条件可定期使用底质改良剂，如投放过氧化钙、沸石粉，以及光合细菌等微生态制剂。

捕捞收获。捕捞时间一般在 10 ～ 11 月。捕捞工具可使用地笼。捕捞方法可采取地笼张捕为主，灯光诱捕、干塘捕捉为辅。

商品蟹暂养。捕捞后需要暂养的中华绒螯蟹应放在水质清澈的大塘中上有盖网的防逃设施网箱内，暂养区可用潜水泵抽水循环，以加速水的流动，增加溶解氧。暂养后的成蟹分规格，分雌、雄，分袋包装。

淡水贝类养殖

淡水贝类养殖是指在池塘、水库或天然淡水水域中将蚌类、蚬类及螺类从苗种养成至商品规格的过程。由于蚌类、蚬类及螺类三者的生态习性不同，其养殖技术模式有所不同。

蚌类与蚬类隶属于软体动物门双壳纲，为滤食性动物，可采用吊养和底养两种方式进行人工养殖。依据品种不同具体养殖方式有所不同。蚌类多用吊养；蚬类多用底播生态养殖，也可采用吊养。吊养方式指采用固定桩、纲绳、浮子及网袋等设施将贝类悬挂在池塘或开放性水体中进行的人工养殖。在池塘中主要通过施肥或合理混养一定数量的鱼类，培育水体中的单胞藻、细菌、浮游动物及有机颗粒等，为贝类提供充足的天然饵料；而在开放性水体中一般不施肥，直接利用水体中的饵料，可有效降低养殖成本，但日常管理上难度较大。在池塘养殖过程中，需要定期补充水体中钙离子及微量元素，定期使用生石灰，调节水体 pH在 7.0 ~ 8.5。吊养需定期清除网夹或网条上的附着生物，检查贝的生长，及时清除死亡个体，特别注意病害的防控。

螺类属于软体动物门腹足纲。螺类养殖是将幼螺养成至商品规格的过程，具有成本小、周期短、风险小、简单易行等特点。养殖场地可因地制宜，河沟、土池、鱼缸、塑料盆等小水体均可养殖；要求水质清新，水位 20 ~ 30 厘米即可；螺类为刮食或吞食，其食性较广，可以投喂绿色蔬菜、水草、藻类等植物性饲料，通过人工驯养也可摄食配合饲料，多夜间摄食活动。但在食物不足的条件下，有些种类的成螺会吞吃幼螺，因此养殖过程中投喂的饵料一定要充足，且幼螺与成螺最好分开养殖。螺类适应性强、生长快，一般养殖几个月即可达到性成熟或上市规格。

池蝶蚌养殖

池蝶蚌养殖是指在天然水体或人工可控环境条件下，将池蝶蚌苗种经过插片手术后吊养以获得淡水珍珠的过程。池蝶蚌养殖与三角帆蚌类似，主要包括养殖场址选择、池塘准备、养殖设施配备、插片手术、养殖模式、水质调控及日常管理等。

◆ **养殖环境条件**

养殖地要求水源充足，进排水方便，水质清新、无污染，无蚌瘟病病史；养殖水域周围无遮阴，阳光充足，避免有水生维管束植物生长；水电及交通便利。殖池塘面积一般 5 亩以上，以 30 ～ 45 亩为佳，便于开展鱼蚌混养与日常管理，水深 1.5 ～ 2.5 米；放养前用生石灰彻底清塘，1 周后进水，施用发酵的有机肥肥水，用量 200 千克 / 亩。与三角帆蚌相似，采用网条或网夹进行吊养。

◆ **苗种放养**

插片手术主要分为无核珍珠和有核珍珠插片手术。用于无核珍珠插片的蚌为当年繁育的 1 龄蚌，而用于有核珍珠插片的蚌需壳长大于 15 厘米。

养殖模式主要采用鱼蚌混养的模式。多以鲫、团头鲂、草鱼、黄鳝等品种精养为主，适当搭配鳙、鲢等，同时放养鳜 3 ～ 5 尾 / 亩，控制野杂鱼同养殖鱼类争食；池蝶蚌育珠蚌的放养密度为 1000 ～ 1200 只 / 亩。

◆ **饲养管理**

定期泼洒生石灰 10 ～ 15 千克 / 亩，调节水体酸碱度成弱碱性；

每月定期加注新鲜水,高温期间每 10 天加注 1 次,保持水体透明度 20 ~ 30 厘米;定期使用水质改良剂、微生态制剂,增加水体有益菌含量,合理控制氨氮、亚硝酸盐等指标。

坚持早、中、晚巡塘;观察鱼类吃食情况,有无浮头征兆;凌晨和闷热的天气及时开增氧机。每半个月检查育珠蚌的生长及成活,发现死蚌及时清除;检查吊养设施是否牢固或老化,及时修复或更换。可根据季节及水温变化,调节纲绳的松紧程度,调整育珠蚌吊养深度,一般夏冬季较深,春秋季较浅些。

定期检查,一旦发现病蚌应及时隔离,并全面掌握发病情况,对症用药。寄生虫类施用安全杀虫剂泼洒;细菌性、病毒性病害施用碘制剂、三黄散等。防病重于治病。

◆ **养殖概况**

池蝶蚌因其珍珠层厚实、光泽好而具有养殖价值。中国池蝶蚌养殖主要集中在江西、湖南等地。2016 年,中国已有近 30% 的淡水珍珠由池蝶蚌培育而成,所产珍珠质量较好,但与中国特有种——三角帆蚌亲缘关系较近,能与三角帆蚌自然交配,容易对中国特有育珠蚌品种造成基因污染,应谨慎开展养殖和规范管理。

三角帆蚌养殖

三角帆蚌养殖是指在天然水体或人工可控环境条件下,将插片手术后的三角帆蚌吊养培育至获得珍珠的过程。最早源于中国江苏省。后主要集中在中国浙江、江苏、江西、湖南、安徽、湖北等省养殖。其人工养殖主要涉及两种类型的育珠蚌养殖：无核珍珠和有核珍珠。两种育珠蚌养殖技术相似，但插片方法及养殖周期有所不同。

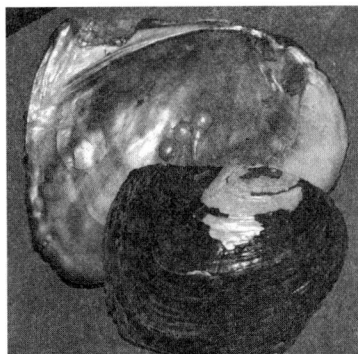

三角帆蚌壳

◆ **养殖环境条件**

养殖水域要求阳光充足、通风、无遮阴，水源充足、无污染，最好具有一定的微流水，交通便利；如选择江河、湖泊等开放性水体养殖，要求天然饵料新鲜、充足，可节省养殖成本，而水生维管束植物丰富、水质清瘦的水域不宜养殖；若为池塘等水体养殖，养殖面积一般 5～200 亩，以大水体为佳，要求进排水方便。

三角帆蚌养殖区

一般采用网夹或网条吊养育珠蚌。养殖设施主要包括固定桩、纲绳（或聚乙烯绳）、网夹（或网条）及浮子。用固定桩在池塘两侧将纲绳两端固定，将网夹及浮子均匀间隔固定在纲绳上，网夹吊养在水下25～35 厘米，一般春秋季浅吊，夏冬季深吊；每只网夹中放养 2～3 只育珠蚌，网夹间隔 20～30 厘米，纲绳之间间隔 1.5～2 米。

◆ **苗种放养**

放养前准备。用生石灰清塘，干法清塘（无水清塘）用量为

80～100 千克/亩，带水清塘用量为 150 千克/亩；清塘 3 天后，施入发酵的有机肥 200～300 千克/亩，逐步蓄水至 1.5 米。

插片手术。主要包括无核珍珠插片与有核珍珠插片手术。①无核珍珠插片。选择当年繁育的小蚌或 1 龄蚌无核珍珠插片，壳长要求达 6 厘米以上；一般在春季或秋季插片；插入小片的规格及数量直接影响到珍珠的产量，每只蚌插入 30～48 片。②有核珍珠插片。选用壳长大于 13 厘米的蚌作为手术蚌，一般需培育 2 年；术前需强化培育，增加蚌体体质；每只蚌两侧外套膜插入 10～12 颗直径 4 毫米或者在斧足内插入 1 颗直径 6～10 毫米贴有小片的珠核。

育珠蚌放养。刚做完插片的手术蚌，适宜放养在清新的水体中 1～2 周，透明度 30 厘米，每日加注新鲜水，保持充足的溶氧及天然饵料，加快手术蚌伤口愈合及珍珠囊的形成。在池塘中，育珠蚌的放养密度为 1000～1500 只/亩；养殖条件较好的湖泊或河道，放养密度可增加至 3000～4000 只/亩，视天然饵料丰度及水流等调整。池塘中多采用鱼蚌混养，混养鱼类以鲫、草鱼、鳙等为主。主养鱼种放养量 70～85 千克/亩，其他搭配鱼类 40～50 千克/亩。注意在混养青鱼时要求育珠蚌达 2 龄，壳长 13 厘米以上。

◆ 饲养管理

天然饵料培育。池塘养殖中，通过定期施肥、泼洒豆浆、投喂鱼饲料的方法来培育单胞藻、微生物等天然饵料，供育珠蚌摄食生长；有机肥中加入生石灰充分发酵，无机肥主要为氮、磷、钾、钙肥，用量遵从少量多次的原则，可适量施用微量元素如稀土，综合调节水色，以水色黄绿色或褐绿色为好，做到"肥、活、爽、嫩"。

水质调控。每月泼洒生石灰，用量15～20千克/亩，可增加水体钙离子浓度，调节水体pH 7～8.5；每月加注新水1次，高温期每10天加注1次，加水量20～50厘米，当水质老化变黑时应换水1/3～1/2。

日常管理。定期清除网夹和育珠蚌贝壳上附着物，保持水流通畅；定期检查育珠蚌生长及珍珠生长情况，及时清除死蚌；对于蚌病要以防为主，一旦发现，及时隔离，采用群体控制技术减少育珠蚌死亡。

养殖周期。对于不同类型的育珠蚌养殖周期不同：插大片、中片的无核珍珠一般养殖2～4年可采珠，插小片或芝麻片的育珠蚌养殖1周年即可收获；有核珍珠的珍珠层达2毫米以上，2周年一般即可采珠；象形珍珠蚌1年以上即可收获。

◆ **养殖概况**

中国是世界淡水珍珠养殖和出口第一大国。自20世纪90年代起，中国养殖淡水珍珠年产量一直超过1000吨，占世界珍珠总产量的90%左右，年出口量在400～500吨。全球约70%的淡水珍珠由中国的三角帆蚌培育而成，它在世界淡水珍珠的养殖中具有举足轻重的地位。

两栖类养殖

两栖类养殖是指在人工可控环境条件下，将两栖动物幼体养殖达商品规格的过程。养殖利用的两栖类物种主要有林蛙、黑斑蛙、牛蛙、棘胸蛙、美国青蛙、棘腹蛙、大鲵等。

两栖类动物的养殖多采取仿生态养殖和全人工养殖技术。尽管养殖对象和养殖方式不同，但都需要根据养殖的两栖动物自身的生活习性进行养殖场建设、配合适口的饵料以及精细的养殖管理进行养殖活动。由于两栖类为变温动物，且都具有变态、冬眠等生物学现象。因此，温度在两栖动物养殖中非常重要，整个养殖过程需要将温度控制在适宜的范围内。适宜的养殖条件、优质的水源和合理的养殖密度也是确保两栖动物养殖成功的重要因素。另外，养殖两栖动物也需要预防疾病的发生，具体有箭毒蛙壶菌霉病等；淡水两栖和爬行动物细菌病，具体有蛙脑膜炎黄杆菌病、蛙链球菌病和大鲵腹水病等；淡水两栖和爬行动物病毒病，具体有蛙病毒病、大鲵虹彩病毒病；淡水两栖和爬行动物寄生虫病，具体有蛙车轮虫病、大鲵球虫病等。

大鲵养殖

大鲵养殖是指在仿生态或人为控制的环境条件下，将人工繁殖的大鲵苗种培养至商品规格的过程。根据养殖方式有仿生态养殖和人工养殖，人工养殖按养殖场所又可分为室内工厂化养殖和天然山洞山泉水养殖两种类型。养殖大鲵可使用山泉水、地下水或自来水，要求水质清澈、无污染、溶氧量高、pH 为 6.8 ～ 7.8。

养殖场选择建在水源充足、交通便利、环境优良和排水方便的地区，养殖用水经紫外线或漂白粉消毒处理，确保水质优良。仿生态养殖因地制宜，选择在溪流岸边修建养殖池，并构筑防洪和防逃设施，引入溪水。

工厂化养殖，车间面积一般为 200 ～ 400 平方米，车间内建造砖混结构养殖池，池内壁抹平砂光，底面铺贴釉面瓷砖，面积 2 ～ 6 平方米，池高 80 ～ 90 厘米，水深 10 ～ 20 厘米，每个水池有独立的进排水管道。配备双制空调以控制室内温度和水温。

按大鲵规格确定养殖密度，一般为 4 ～ 8 尾 / 米^2，采用静水养殖方式，水资源丰富地区也可采用微流水养殖方式。一般使用鲜鱼作为饵料，将鱼去骨，切成适口规格的小块，有条件的地区也可投喂小规格的活鱼，如小鲫鱼、泥鳅等，每 1 ～ 3 天投喂 1 次，投饵量约为大鲵体重的 0.5% ～ 1%。在养殖过程中要保证饵料充足、安全，投喂做到定质、定量、定时、定点。每天换水 1 次，同时清除污物。

室内工厂化养殖，在每年夏季高温季节以及冬季低温期，利用空调调节养殖车间温度，水温控制在 15 ～ 22℃。因大鲵不同个体间有生长差异，需定期对大小个体进行调整和分池饲养，以避免竞争摄食而互相咬伤。冬季水温低于 10℃ 时，大鲵有冬眠习性，此期间可停止投喂。在每年春末夏初温度变化较大的季节需加强饲养管理，以避免由于温度变化导致的疾病多发状况，一旦发现咬伤或病鲵，应及时捞出隔离饲养，防止疾病蔓延。

牛蛙养殖

牛蛙养殖是在人工可控环境条件下，将人工繁殖的牛蛙苗种培育至商品规格的过程。牛蛙喜欢温暖、潮湿、安静的生活环境。牛蛙养殖场宜建立在平坦开阔、无洪涝且供水方便的地区，最好靠近江、河、湖泊或水库等水源地。养殖用水符合渔业养殖用水标准，溶解氧丰富，酸碱度 6.5 ～ 8.0。牛蛙养殖宜使用水泥池，面积 50 平方米左右，池高 1 米，池内堆放泥沙，形成的陆地面积占池面积 1/4 左右，作为牛蛙活动场所。池中约 2/3 的水面可种植水生植物，池内设立饵料台，且夏季应搭置遮阳棚。池内水深根据蛙的大小调节，一般为 20 ～ 50 厘米。养殖密度：蛙 10 ～ 50 克，放养 100 ～ 200 只 / 米^2；蛙 50 克以上，放养 10 ～ 100 只 / 米^2。

牛蛙的饵料分为鲜活饵料和非鲜活饵料。鲜活饵料包括黄粉虫、蝇蛆、蚯蚓、蜗牛和小鱼虾等；非鲜活饵料包括畜禽内脏、蚕蛹以及人工配合颗粒料。投喂时应将饵料置于食台上，每日投喂 1 ～ 2 次。投喂量：鲜活饵料为蛙体重的 5% ～ 6%，人工配合饵料为蛙体重的 2% ～ 3%。牛蛙的最佳生长温度为 25 ～ 30℃，因此高温酷暑期需要遮阳及适当降温处理。夏季是牛蛙快速生长时期，同时也是疾病高发期，培养中应及时清除腐败变质食物，保证养殖水体优良。越冬时应建立塑料大棚、建蛙巢或者引用地下水等保温措施。在每年春末夏初温度变化较大季节需加强饲养管理，以避免由于温度骤变导致出现疾病多发状况。一旦发现病蛙，应及时隔离饲养，并用相应药物进行处理。牛蛙常见病害有蛙脑膜炎病、红腿病、烂皮病、蛙病毒病、蛙车轮虫病等。

爬行类养殖

爬行类养殖是指在人工可控环境条件下，将爬行类动物苗种培养至商品规格捕捞收获的过程。爬行类动物用肺呼吸，皮肤覆盖角质的鳞片或骨板，水陆两栖，既可在水中生存，也可在陆地生存，有穴居冬眠习性。渔业中养殖利用的爬行类物种主要有乌龟、巴西龟、中华草龟、中华鳖、鳄龟等。中国涉渔爬行类主养地区为浙江、江苏、江西、安徽、湖南、湖北、广东、广西、四川等地。

◆ **养殖前期准备**

因地制宜确定养殖模式。按加温方式，爬行类动物养殖可分为全程控温、控温与天然养殖结合及天然养殖；按养殖模式，可分为池塘仿生态养殖、温室养殖、两段法养殖、鳖（龟）虾鱼混养和稻田综合种养等。

养殖场所清理消毒。对于水生爬行类，一般在池塘、稻田等环境中养殖。池塘养殖前，需清整池塘，检查防逃设施，清除过多淤泥；用生石灰、强氯精或漂白粉进行消毒，并杀灭其他敌害生物；充分晒塘，要求晒到塘底全面发白、干硬开裂。对于陆生爬行类，养殖前需清理干净养殖场所，并且用紫外线杀菌消毒。

◆ **苗种放养**

依据养殖品种、模式和养殖主体技术水平不同，苗种放养的时间、规格、数量均有所不同。放养的苗种要求体质健壮，无病无伤，规格整齐，一次放足。精养池塘一般亩放 600 ～ 1000 只，同时搭配 150 ～ 200 尾大规格鲢、鳙以调节水质和摄取残饵；套养池塘一般亩搭配放养 30 ～ 50 尾大规格鲢和鳙。苗种下池前需进行体表消毒，采用的消毒剂有生理盐水、高锰酸钾溶液、食盐溶液、维生素 C 溶液等。

◆ **日常管理**

饲料投喂。爬行类养殖的饲料大致有生物饵料和人工配合饲料。生物饵料主要有水蚤、水蚯蚓、黄粉虫、鱼、虾、螺、蚌等，以及大豆粉、豆粕粉、谷物、玉米、土豆、瓜菜等。人工规模化饲养情况下，以优质全价人工配合饲料为佳，粗蛋白含量要求达45%以上，日投喂两次为宜，日投喂量为体重的3%～5%，视摄食情况酌情增减。爬行类动物有夜间活动、喜静怕惊的习性，在自然界中以夜间摄食为主，故傍晚投喂量较上午多些。

疾病防控。爬行动物的生命力顽强，对环境的适应能力强，一般较少发病。平时需做好池水注排调控、清污防肥工作，保持良好的养殖环境，切断病原传播途径。一旦发现病害及早诊断，确定病因，对症下药，安全用药。常见病有中华鳖钟形虫病、中华鳖白斑病、中华鳖红脖子病、中华鳖出血性肠道败血症、中华鳖疖疮病、龟肠胃炎和中华鳖腮腺炎等。

◆ **捕捞**

爬行动物的捕捞方法主要是排水手捉、网拉、钓捕、灯光诱捕等。根据具体情况一年四季均可捕捞。

第 2 章
淡水苗种培养

　　淡水苗种培养是在人工可控环境条件下，将淡水渔业生物受精卵孵化并培育至商品规格幼体的过程。按照培养过程，淡水苗种培养可分为淡水夏花苗种的培养、1 龄苗种的培养及 2 龄苗种的培养。按照培养对象分，可分为淡水鱼类苗种培养、淡水甲壳类苗种培养、淡水贝类苗种培养、爬行类苗种培养及两栖类苗种培养等。

◆ **苗种培育阶段**

　　夏花苗种的培养是将孵化出的苗培育成 3 厘米左右的夏花。1 龄苗种培育是指将夏花经过 3～5 个月的饲养，体长达到 10 厘米以上的过程，此时的种称为 1 龄种。2 龄苗种的培育是指将 1 龄苗种继续饲养 1 年，获得大规格苗种的过程。

◆ **苗种培育对象**

　　淡水鱼类苗种培养，主要包括四大家鱼苗种培养、鲤鱼苗种培养、鲫鱼苗种培养、团头鲂苗种培育、罗非鱼苗种培养、鲇鱼苗种培养、鲟鱼苗种培养、鲑鳟鱼苗种培养等；淡水甲壳类苗种培养，主要包括河蟹苗种培养、青虾苗种培养、罗氏沼虾苗种培养等；淡水贝类苗种培养主要包括三角帆蚌苗种培养、池蝶蚌苗种培养等；爬行类苗种培养主要包括龟类苗种培养、鳖类苗种培养；两栖类苗种培养主要包括牛蛙苗种培养、大鲵苗种培养等。

不同阶段的苗种培育，其目的主要是为提高水产养殖动物的成活率和生长率，以取得更好的养殖效果。

淡水鱼类苗种培养

淡水鱼类苗种培养是在人工可控环境条件下，将淡水鱼类受精卵孵化并培育至商品养殖规格鱼苗的过程，是鱼类苗种繁育的组成部分之一。培养种类主要有四大家鱼、鲤、鲫、团头鲂和其他养殖鱼类。其培养过程主要分两个阶段，即鱼苗培养阶段和鱼种培养阶段。

◆ 鱼苗培养

当孵化出的鱼苗腰点（鳔）显现、卵黄囊基本消失，称为"水花"或"鱼花"。每亩鱼苗池放养水花15万～20万尾，经过20天左右的培育，养成3厘米左右的稚鱼。这时正值夏季，故称"夏花"（又称"火片"，亦称"寸片"）。

在鱼苗培养过程中，鱼体的新陈代谢水平高、生长快，但活动和摄食能力较弱，适应环境、抵御敌害和疾病的能力差。为提高夏花鱼种的培养成活率，需要用专门的鱼池经过彻底清池消毒后进行精心、细致的培育，这种由鱼苗培育至夏花的鱼池在生产上称为"发塘池"。

中国各地饲养鱼苗的方法很多。浙江、江苏一带的传统方法是以泼洒豆浆饲养鱼苗；广东、广西一带则用绿肥（大草）、畜禽粪等直接施入池中培植浮游生物饲养鱼苗，或两种方法结合培养鱼苗；此外，还有混合堆肥法和有机、无机肥等法培养鱼苗。对于草鱼、青鱼、鲤、鲫、鲮等摄食性鱼类的鱼苗，辅助投喂一些商品饲料，如饼粕、米糠和配合饲料等。

◆ **鱼种培养**

当鱼苗培育成夏花后，需分池并以不同密度再经过 3 ～ 5 个月的饲养，养成 8 ～ 20 厘米长的鱼种，此时正值冬季，故通称"冬花"，亦称"冬片"；如果鱼种秋季出塘称"秋花"，亦称"秋片"；经过越冬后称"春花"，亦称"春片"。这类鱼种为 1 龄鱼种。

在江、浙一带，1 龄鱼种通称为"仔口"鱼种。对青鱼、草鱼"仔口"鱼种应再养一年，养成 2 龄鱼种，这种鱼种通称为"过池"鱼种，亦称"老口"鱼种。

根据不同鱼种的食性，其饲养方法主要有 3 种，分别为以天然饵料为主、精饲料为辅的饲养方法，以颗粒饲料为主的饲养方法和以施肥为主的饲养方法。日常管理主要做好投饵施肥、定期注水和鱼病防治工作。秋末冬初，在水温低于 10℃ 的地方，鱼种要并塘越冬。在越冬期间，加强管理，预防鸟害；北方冰厚、期长，需要扫冰面积雪并适当打冰眼观察鱼的动态，防止缺氧、缺水。

鱼种培养目的是为食用鱼生产培育成活率高、体质健壮的不同规格各类鱼种。大规格鱼种食性范围大、生长快、抗病力强，对环境和逃避敌害有良好的适应能力，为提高食用鱼养殖的产量、质量和提前上市打下了良好基础；小规格鱼种便于长途运输和用于形成养殖合理的群体结构，轮捕、轮放。

四大家鱼苗种培养

四大家鱼苗种培养是指将青鱼、草鱼、鲢鱼、鳙鱼刚孵出的鱼苗培养成供成体饲养阶段放养苗种的过程，一般分鱼苗培养和鱼种培养两个阶段。

◆ **鱼苗培养**

①池塘准备。培育夏花鱼苗池塘，水源丰富、池塘面积667～1134平方米为宜，水深1～1.5米。鱼苗下塘前15～20天进行池塘清理消毒，池塘消毒可用生石灰、茶籽饼、漂白粉等。②投放鱼苗。培育夏花鱼苗的池塘水位要浅（30～50厘米），每亩可投放10万尾左右。③饲养管理。鱼苗下塘1周内，每天投喂2次豆浆，分别为上午8:00～9:00、下午3:00～4:00。每亩每次用黄豆2千克泡水磨成豆浆20～30千克，沿池塘四周均匀地泼洒，1周后可以改喂豆粉，或花生饼加适量水浸泡溶化后投喂，可根据池塘水质肥度、浮游生物的多少，适当施加有机肥。同时3～5天注入1次新水，每次提高水位10厘米，逐步达1米水深，透明度20～30厘米。④拉网锻炼。鱼苗经20～30天培育成夏花鱼种，夏花出池前要进行2～3次的拉网锻炼，长至3厘米左右即可出售。长途运输时，夏花要先在网箱内暂养3～5小时，将体内粪便排出，确保夏花运输成活率。

◆ **鱼种培养**

1龄鱼种培养。一般在6～7月份放养夏花。几种搭配混养的夏花不能同时下塘，应先放主养鱼，后放配养鱼。搭配放养时应注意以鳙鱼为主养鱼时一般不宜混养鲢鱼；青鱼池不混养草鱼，只能在草鱼池中少量搭养青鱼。生产实践中，多采用草鱼、青鱼、鳊、鲤等中下层鱼类分别与鲢、鳙等上层鱼类进行混养，其中以一种鱼类为主养鱼，搭配 1～2 种其他鱼类。一般每亩放养 1 万尾左右夏花。

1 龄鱼种饲养过程中，由于采用的饲料、肥料不同，形成不同的饲养方法。主要分为以下 3 种：①以天然饵料为主、精饲料为辅的饲养方法。天然饵料除浮游动物外，投喂草鱼的饵料主要有芜萍、小浮萍、紫背浮萍、苦草、轮叶黑藻等水生植物及幼嫩的禾本植物；投喂青鱼的饵料主要有粉碎的螺蛳、蚬子以及蚕蛹等动物性饲料。精饲料主要有饼粕、米糠、豆渣、酒糟、麦类、玉米等。②以颗粒饲料为主的饲养方法。主要做好饲料的选择及驯化摄食工作。③施肥为主的饲养方法。此法以施肥为主，适当辅以精饲料。通常适用于以饲养鲢、鳙为主的池塘。青鱼、草鱼性喜清水，鲢、鳙性喜肥水且需含有丰富的天然饵料才能生长迅速。因此，日常水质要做到"肥、活、嫩、爽"。秋末冬初，水温降至 10℃ 以下，这时便可将鱼种捕捞出塘，按种类、规格分别集中蓄养在池水较深的池塘内越冬（可用鱼筛分开不同规格）。

2 龄鱼种培养。青鱼、草鱼的鱼种应该再养 1 年，养成 2 龄鱼种。2 龄青鱼培养时，鱼种放养方式很多。鱼种放养前对池塘进行彻底清塘，选好鱼种，提前放养，提早开食，除做好鱼病防治工作外，还应根据其食性、习性和生长情况，做到投饲数量由少到多，种类由素到荤，质地由软到硬，使鱼吃足、吃匀；同时适时注水、施肥，保持水质"肥、活、嫩、爽"。2 龄草鱼培养时的放养方式也较多，如常见的草鱼与青鱼、鲤、鳊、鲢、鳙等多种鱼类混养方式。早春在水温升至 6℃ 以上可投喂豆饼、麦粉、菜饼等精料，4 月份投喂浮萍、宿根黑麦草、轮叶黑藻等，5 月份可投喂苦草、嫩旱草、莴苣叶等。在"大麦黄"（6 月上旬）和"白露汛"（9 月上旬）两个鱼病高发季节，应特别注意投饲量和吃食卫生。

鲤鱼苗种培养

鲤鱼苗种培养是指在人工可控环境条件下，将鲤鱼受精卵孵化后刚平游的开口鱼苗（水花）培育成供成鱼饲养阶段放养鱼种的过程。一般分为鱼苗培育和鱼种培育两个阶段。鱼苗培育指"水花"下塘培育至"夏花"（3 厘米左右）鱼种；鱼种培育指"夏花"鱼种经过一段时间培育养成大规格和体质健壮的鱼种过程。

◆ 鱼苗培育

池塘条件。池底平坦，淤泥 10 ～ 15 厘米，注、排水便利，池塘面积在 2 ～ 6 亩为宜。鱼苗下塘前 5 ～ 10 天，每亩用 75 ～ 100 千克生石灰或 25 ～ 30 千克的漂白粉彻底清塘消毒。清塘后施基肥，每亩施发酵粪肥 150 ～ 200 千克；也可施绿肥堆肥，如需快速肥水，可使用无机肥料。施基肥后，以水色逐渐变成浓淡适宜的茶褐色或油绿色为好，其目的是培养轮虫等小型浮游动物，作为鱼苗下塘后的生物饵料。

鱼苗放养。鱼苗平游开口后进入池塘培育。下塘时要注意孵化池（设备）水温与池塘水温差不超过 3℃，并选择池塘背风处下塘，遇上大风天气，推迟放养或在背风处设置人工鱼巢或草帘等物，便于鱼苗附着避风浪。放养密度为50万～150万尾/亩，依池塘条件适当调整。每个池塘放养鱼苗应是同批繁殖的，要一次放足。另外，在鱼苗放养前用密网反复拉网清除池中蝌蚪、水生昆虫、杂鱼等有害生物。

饲养管理。鱼苗下塘3～5天后要适时追肥，或泼洒豆浆，水深1米的池塘，每天每亩用黄豆1～5千克，浸泡磨浆后全池泼洒，每天分2～3次投喂；依水质情况每隔3～5天追肥1次，保持水体的肥度。随着鱼体生长，逐渐增加豆浆的泼洒量。一周后，可在池边增喂豆饼糊或微粒饵料，同时要分期注水。鱼苗下塘时池水一般在50～70厘米，之后每隔5天注水1次，每次注水15～20厘米。坚持每天早、中、晚巡塘观察水色变化、鱼苗活动情况，以决定施肥和投饵量。

水质管理。鱼苗下塘前通过整理、清塘，清除池塘过多淤泥，曝晒池底，改善淤泥通气条件，加速有机物转化为无机营养盐，改善水质，增加水体肥度。鱼苗培育期间，根据鱼苗生长和水质情况，适当添加新水，提高水位和透明度，增加溶氧量，增大鱼苗活动空间，促进生物饵料的繁殖和鱼苗生长。

病害防控。鱼苗下塘前通过整塘、清塘，消除和杀灭野杂鱼、底栖生物、水生植物、水生昆虫、致病菌和寄生虫孢子。注水时须在注水口用密网拦阻，防止野杂鱼和其他敌害生物流入池内。每天巡塘中随时清除池边的杂草、杂物和蛙卵等。经常检查有无鱼病，及时防治。

鱼苗经15～25天的饲养，全长达1.5～3.0厘米即可分池、出售。为提高出塘的成活率，要进行拉网锻炼。锻炼前要停食1天。拉网操作时要细心，阴雨天或鱼种浮头时不宜进行。

◆ 鱼种培育

池塘条件。鱼种培育池条件与鱼苗培育池要求基本相同。面积以 3～6 亩为宜，水深 1.5～2.0 米，"夏花"放养前要认真清整，彻底清塘消毒，方法与鱼苗饲养阶段相似。

苗种放养。"夏花"放养尽可能提早，以延长鱼种生长期，鱼苗要健壮，规格整齐。放养密度因不同地区的气候、生产条件、养殖方式和技术水平以及预期鱼种规格有很大差异。以中国华东地区建鲤为例，每亩一般可放养 1 万尾，养成冬片或春片鱼种。也可以搭配混养其他家鱼苗。

饲养管理。夏花入池 3 天后开始驯化养殖，鲤为杂食性鱼类，除投喂精料外，菜叶和底栖生物都是喜吃的食物。饲料的粒径必须随鱼的生长发育逐步调整，做到适口。投饲应坚持执行"四定"原则，即定点、定时、定量、定质。日投喂量为体重的 5%～12%，需根据天气、水温和鱼摄食情况进行灵活调整。坚持每天早晚巡塘，注意观察水色、水质及鱼的摄食情况，及时调节水质和投喂量，尤其是恶劣天气，更应注意鱼类浮头的发生。

水质管理。定期加注新水，通常每月注水 2～3 次。①补充渗漏和蒸发水量。②调节鱼池水质，以保证鱼类良好的生存环境，促进鱼类生长。配备并合理使用增氧机，保持水体溶氧量。经常清除池边杂草和池中杂物，对食台进行清洗和消毒，保持池塘卫生。

病害防控。在鱼种下塘前采用药物浸泡，可用 20 毫克/升高锰酸钾溶液浸浴 15～20 分钟，保证下塘鱼种的体质。在 7～9 月，每隔 20～30 天用 30 毫克/升的生石灰全池泼洒，以提高池水 pH，改善水质，防止鱼种患烂鳃病。

秋末冬初，水温降到 8 ～ 10℃，鱼停止或很少吃食，为便于管理，要进行并塘，将鱼种蓄养在较深较肥池塘里越冬，亦可原池越冬。秋季加强培育，多喂精料，增强鱼的体质，是保证鱼种安全越冬的内在物质基础。冬季越冬期间，在中国南方地区，逢到天气晴朗、水温较高时，可适当投喂些精料；在北方地区，冬季气温低，有的地方封冰期长达几个月，需采取破冰和增氧等措施，防止鱼种窒息死亡。

团头鲂苗种培养

团头鲂苗种培养是指在人工可控环境条件下，将团头鲂受精卵孵化并培养至商品规格幼鱼的过程。分鱼苗培育和鱼种培育两个阶段。

◆ 鱼苗培育

刚孵出的团头鲂鱼苗经过 3 ～ 4 天胚后发育，卵黄囊消耗 3/4 就可以下塘进行鱼苗培育。鱼苗下塘前 7 ～ 10 天用生石灰将池塘进行彻底消毒，干法清塘生石灰的用量为 1125 ～ 1500 千克 / 公顷，之后池塘灌水深度 50 ～ 80 厘米，灌水时进水口要用 60 目的筛绢布过滤，防止敌害生物进入。采用生物肥加微生态制剂培水，用量为生物肥 15 ～ 30 千克 / 公顷加液态生态制剂 7.5 ～ 15 升 / 公顷，全池均匀泼洒，阳光充足天气 5 天池塘水质就可达到"肥、活、嫩、爽"，水中轮虫和其他浮游生物幼体达到高峰，此时团头鲂水花下塘，成活率高。团头鲂鱼苗培育的池塘大小 0.2 ～ 0.3 公顷，水花下塘密度 225 万～ 300 万尾 / 公顷，水花下塘后每天泼洒豆浆，每天每万尾喂量为 100 ～ 150 克的干黄豆浸泡后磨成的豆浆，后期根据水的肥度可以追加生物肥，保持池水的肥力。经过 25 ～ 30 天的培育，团头鲂水花养成 3 厘米左右的夏花。

◆ **鱼种培育**

达 3 厘米的团头鲂夏花需要分池，进入鱼种阶段的培育。培育池大小 0.3 ～ 0.6 公顷，夏花鱼种分池前同样要进行彻底消毒，池塘灌水深度 1.0 ～ 1.5 米，灌水时进水口要用过滤网过滤，用生物肥培肥水质，夏花下塘密度 15 万～ 30 万尾 / 公顷，前期鱼种培育可用粉状饲料，每天的投喂量为鱼体重的 10% 左右。鱼种达 4 ～ 5 厘米后可用沉性饲料的破碎料或膨化饲料的 0 号料。经过 3 ～ 5 个月的饲养，养成 20 ～ 40 尾 / 千克的鱼种，称团头鲂冬片鱼种。

罗非鱼苗种培养

罗非鱼苗种培养是指在人工可控环境条件下，将罗非鱼鱼苗（0.8 ～ 1 厘米）培育成供成体饲养规格苗种的过程。

罗非鱼苗种培育池塘面积 667 ～ 2000 平方米，水深 1 ～ 1.5 米，池底平坦，淤泥少，注排水方便。放养鱼苗前 10 ～ 15 天需要清塘杀死野杂鱼和有害生物。清塘消毒完毕，放苗前 3 ～ 5 天向池塘注进新水，进水需用 40 目的网布过滤，施基肥培养浮游生物，水呈茶褐色为宜，透明度在 30 厘米左右。

罗非鱼鱼苗放养密度为 3 万～ 10 万尾 / 亩。苗种养殖以 5 天为 1 个阶段，第 1 阶段可以投喂豆浆、商品粉料（蛋白含量不低于 40%，粒径 0.1 ～ 0.3 毫米），日投喂量 50 ～ 500 克 / 万尾鱼苗，分 2 次投喂，上午 7:00 ～ 8:00，下午 3:00 ～ 4:00 各投喂 1 次，以 2 小时内吃完为度；第 2 阶段以商品碎料（蛋白含量不低于 36%，粒径 0.3 ～ 0.5 毫米）替换 50% 商品粉料，以后逐步增加商品碎料，直至全为商品碎料，每阶段投饲量增加 20% ～ 25%，15 天后鱼苗可达 3 厘米左右的夏花，投饲量为 1 千克 / 万尾鱼苗左右。苗种培育前期水深控制在 70 厘米左右，其间 5 ～ 7 天注水 1 次，每次 10 ～ 15 厘米，最后水深为 1 ～ 1.5 米。经过 25 ～ 30 天培育，鱼苗达 5 厘米以上，可放入成鱼池塘进行商品鱼的养殖。

罗非鱼苗种阶段病害主要是寄生虫病。清塘彻底，苗种下池时消毒，可以减少寄生虫病发生，发病池一般用 0.7 毫克 / 升硫酸铜和硫酸亚铁合剂（5 : 2）泼洒全池。

鲫鱼苗种培养

鲫鱼苗种培养是指在人工可控环境条件下，将鲫受精卵孵化并培育至商品规格苗种的过程。一般分鱼苗培育和鱼种培育两个阶段。

◆ 鱼苗培育

刚孵化出膜的鲫鱼水花经 15 天左右的培育生长至 1.5 ～ 2 厘米的乌仔，或再经 10 天左右的培育生长至 2.5 ～ 3.3 厘米夏花苗种的过程。

池塘条件。一般选择 2000 平方米的长方形鱼池，塘形整齐，池底平坦并略向排水方向倾斜，保证池水能自流排干，在培育期间以保持 1.2 ～ 1.5 米深度水为宜，池底保持 10 ～ 15 厘米淤泥；水源充足，水质条件好，注、排水方便，且阳光照射充足，有利于生物饵料的培养。

放苗前必须做好池塘消毒，清除水中的野杂鱼、敌害生物、寄生虫和病原菌。消毒后在鱼苗下塘前 5 ～ 7 天注水，注水深度以 50 ～ 60 厘米为宜，注水后，立即使用已经发酵有机肥，或芽孢杆菌和渔用生物肥等联合施肥，培育鱼苗适口的饵料生物。

苗种放养。选择腰点已长出、能够平游、体质健壮、游动迅速的鱼苗，放养密度一般为水花 15 万～ 20 万尾 / 亩，如池塘条件好，水源、饲料充足，有较好的饲养技术，可适当提高至 25 万～ 30 万尾 / 亩。苗种投放前需要进行温度平衡，将运输袋漂浮在池塘中 30 分钟以上，待袋中水温和放养水体的水温一致后才让苗种游入池塘。

饲养管理。鱼苗培育主要采用早期投喂豆浆和晚期投喂粉饲料相结合的方法。下池的第 2 天就开始投喂豆浆，每天投喂 2 次，每 10 万尾鱼苗每天投喂 2 千克黄豆浆，并逐渐增加，一周后增加到 4 千克黄豆。10 天后鱼苗个体全长达 1.5 厘米时，开始投喂粉饲料，日投饲量为鱼体重的 5% ～ 10%。鱼苗下池 5 ～ 7 天需开始加注新水，以后每隔 4 ～ 5 天加水 1 次，每次加水 10 ～ 15 厘米，也可以适当施用微生态制剂以调节水质。病害防治以预防为主，平时每 10 天用生石灰 5 千克 / 亩全池泼洒消毒，如发生孢子虫、锚头鳋和指环虫等寄生虫病害，可用 90% 晶体敌百虫稀释成溶液 0.3 毫克 / 升的浓度全塘泼洒治疗。

◆ **鱼种培育**

乌仔或夏花苗种经分塘后继续饲养至大规格鱼种的过程，一般当年的夏花苗种可以培育成每尾 25 ～ 50 克，为第 2 年的成鱼养殖提供材料。

池塘条件。鱼种培育池要求池塘面积大一些，鱼池深度深一些，最好在 2 米以上，有独立的进、排水系统，水质良好无污染，并配备增氧机或者微孔增氧系统等增氧设施。夏花苗种下塘前 14 天左右进行池塘清理消毒，可用生石灰或漂白粉等进行池塘清塘消毒，在投放夏花苗种 5 ～ 7 天前用有机肥进行肥塘，培育大量的大型浮游生物，需要注意的是投放夏花苗种前需要用拖网去除敌害生物。

苗种放养。夏花苗种选择体质健壮、游动能力强、无病害的个体，如夏花苗种个体差异较大，必须用不同筛孔大小的鱼筛进行筛选，确保夏花苗种大小规格均匀。养殖密度根据鱼种养殖池塘条件、培育技术、饲料和肥料情况以及出塘规格要求等多个因素综合考虑，一般每亩鱼种培育池放养 5000 ～ 12000 尾鲫鱼夏花苗种，并搭配一定数量的鲢、鳙鱼。夏花苗种投放前需要进行苗种消毒和温度平衡，常用 20 毫克 / 升高锰酸钾浸洗夏花 10 分钟左右或用食盐水 2% ～ 3% 浓度浸洗 3 ～ 5 分钟，对苗种进行消毒，通过运输袋漂浮在池塘中 30 分钟以上，从而达到袋中水温和放养水体的水温一致。

饲养管理。鱼种培育过程中除在夏花苗种投放早期通过肥水获得的大型浮游生物等天然饵料以外，主要通过投喂饲料培育鱼种，投喂量要按照鱼体的大小规格确定投饲百分率后获得，并选择合适的投饲方式和次数，同时根据水温、溶氧和其他水质因子的变化应做适当调整。养殖期间需要做好水质管理，提高水位，使水深保持在 2 米以上，并经常加注新水，开启增氧设施，池水透明度应控制在 30 ～ 40 厘米。病害防控主要是预防，做到经常保持池塘卫生，每 20 天左右进行 1 次严格的消毒工作，如向全池泼洒 1 次生石灰水，也可以用 90% 晶体敌百虫 0.5 毫克/升泼洒；如有鱼病发生时，在发病早期应及时进行诊断病情，针对性开展治疗，并立刻捞除病鱼，避免疾病的传播扩大。

夏花苗种经过 4～6 个月的养殖，已经长成 50 克左右的冬片鱼种，水温降至 10℃ 左右时鲫鱼摄食活动很少，此时需要进行并塘，将夏花苗种池中的鱼种全部捕获，按照大小规格分开，集中放养在池水较深的池塘内越冬，用于第 2 年大规格商品鱼养殖。

鲑鳟鱼苗种培养

鲑鳟鱼苗种培养是指在人工可控环境条件下，将鲑鳟鱼受精卵孵化并培育至商品规格幼鱼的过程，包括稚鱼培养、鱼种培养两个主要环节。

◆ 稚鱼培养

池塘条件。鱼池宽 1.5～2.5 米，长 10～15 米，池高 50～60 厘米。在排列上以并联为好，可保证注的清新水一次利用。池水深度控制在 20 厘米左右；水温 9～12℃，溶氧量 7 毫克/升以上，pH 为 7～8。

苗种放养。卵黄囊逐渐吸收 4/5，体表黑色素增多，游动能力增强，可以浮上平游，此时称其为上浮稚鱼。上浮稚鱼体长 18～28 毫米，体重 0.12～0.25 克。在平列槽中饲养 2 周后移入稚鱼池中。饲养密度，在平列槽内为 1 万尾/米^2，在水泥池为 5000 尾/米^2，注水量为每 10 万尾 1 升/秒。

饲养管理。稚鱼通常在水质清澈并且水温略偏低的条件下饲养不易得病，成活率高。在 10℃ 水温约需 75 天平均体重达 1 克。稚鱼的放养密度随稚鱼规格、水温和注水量的不同而异，但以稚鱼不贴排水闸门遭到伤害为度。

开食的最初两周是鲑鳟鱼养殖中难度最大、技术性最强的阶段，稚鱼分散于全池，索饵能力差、不集群，需精心饲养，微细给饵，使全部稚鱼都能无遗漏地摄食，这阶段首先要注重成活率，其次是生长速度，投喂量一般较大，为鱼体重的 7%，饲料粒径为 0.1 ～ 0.3 毫米。当上浮稚鱼占总数一半时开始投喂饲料，通常体重在 0.5 克以下日投喂 8 次，饲料粒径 0.3 ～ 0.5 毫米；0.5 ～ 1 克每天投喂 6 次，饲料粒径 0.5 ～ 1.0 毫米。

病害防治。对于水质变劣的情况，要针对细菌性烂鳍和烂鳃进行预防，如使用化学纯的硫酸铜 500 毫克 / 升，浸泡 30 秒，避免使用金属容器。

◆ **鱼种培养**

池塘条件。混凝土鱼种池，面积 50 ～ 100 平方米，水深 40 ～ 60 厘米，水温为 9 ～ 13℃，溶氧量不低于 7.5 毫克 / 升。pH 为 6.8 ～ 8.3。

苗种放养。1 克以上鱼苗可以放到苗种鱼池培育。

饲养管理。在苗种培育过程中，需每 2 周进行 1 次测定采样（也可以实施分级筛选）。每个池称重 200 ～ 300 尾鱼，测定平均体重，然后计算日投饵量。对于 1 ～ 10 克的苗种，

苗种养殖池

每天喂 4 次，10 克以上的幼鱼每天喂 2 次。当水温低于 6℃ 时，每天喂 1 次即可。及时清除注排水口的草木、垃圾，保证水流畅通。定期清除池底的残饵、鱼粪，减少病原体的滋生。按时测量鱼体的生长情况，

根据鱼体大小进行筛选、分养，更换大粒径饵料，确定投饵率。注意观察鱼的摄食和游泳情况。敌害防治：在苗种鱼池加盖遮网防止鸟类，原生动物如小瓜虫、三代虫预防，可用 1：4000 福尔马林浸泡 1 小时。细菌类疾病如细菌性烂鳃，采用漂白粉全池泼洒，浓度 1 毫克 / 升，内服氟苯尼考或恩诺沙星，弧菌病、疖疮病、细菌性肠炎等，可口服磺胺间甲氧嘧啶类药物 5 ～ 7 天。

淡水甲壳类苗种培养

淡水甲壳类苗种培养是指在人工可控环境条件下，将刚孵出的淡水甲壳动物幼体培育成可供放养苗种规格的过程。淡水甲壳类在苗种培育过程中均要经过连续地脱壳和变态。苗种培育是养殖生产过程中的关键环节之一，直接影响到淡水甲壳类后期成体养殖的苗种供给，抓好这一环节对淡水甲壳类养殖生产具有十分重要的作用。

青虾、克氏原螯虾的孵化和幼体发育全过程均可在纯淡水中进行，一般在室外淡水土质池塘中进行苗种培育。前期主要以肥水和黄豆浆为主，中期逐渐过渡至以全价配合饲料的粉状料为主，后期全部用全价配合饲料的粉状料和破碎料投喂。在苗种培育过程中，保持水体有一定的肥度，注重水质调控，定期使用微生态制剂调节水质，溶解氧控制在 5 毫克 / 升以上。罗氏沼虾的幼体发育须在咸淡水中进行，因此均采取室内水泥池工厂化培育。前期投喂丰年虫无节幼体，中后期加喂少量鱼糜或蛋羹。当 90% 溞状幼体变态成仔虾时，可进行淡化。淡化后的虾苗可直接放入室外淡水成虾养殖池养殖；也可在室内或温棚内培育成大规格虾苗，再放养到室外成虾养殖池养殖。

中华绒螯蟹苗种培养分蟹苗（大眼幼体）和蟹种（扣蟹）培育两个阶段。蟹苗培育方式有土池育苗、工厂化育苗和土池大棚育苗3种。生产上主要以土池育苗为主。刚孵出的溞状幼体主要以培育和投喂单胞藻为主，Ⅱ期和Ⅲ期主要投喂轮虫、卤虫，Ⅲ期以后主要投喂卤虫，也可以加喂少量鱼糜或蛋羹。当中华绒螯蟹80%的溞状幼体变成大眼幼体后，可进行淡化。蟹种培育过程在室外淡水土池中进行，需设置防逃设施，做好清塘消毒、移植水草、施肥培水等工作。大眼幼体下塘前要肥水培育天然饵料生物，投喂以优质配合饲料为主，适当配喂一些天然饲料。注重水质调控，定期使用微生物制剂和补充钙质。蟹苗（大眼幼体）经四周培育变成Ⅴ期仔蟹，可原塘培育，也可分塘转入扣蟹培育池继续养殖，直至当年养成可供成蟹养殖放养的蟹种（扣蟹）。

罗氏沼虾苗种培养

罗氏沼虾苗种培养是指在人工可控环境条件下，将罗氏沼虾淡化苗培养至商品规格幼虾的过程。罗氏沼虾苗种培养包括培育前大棚建设、加温与增氧设施的配备、虾苗放养与培育管理、幼虾出池等。这种模式主要在中国长三角地区应用。因为罗氏沼虾是热带养殖品种，放苗水温要求稳定在22℃以上，中国长三角地区的自然养殖期在5月中旬至10月底，养殖期短，易造成罗氏沼虾集中上市，价格不稳，影响养殖效益。为此，中国江苏、浙江、上海地区的养殖户于21世纪初发展了利用锅炉及塑膜大棚增温技术提早放苗，通过在大棚内开展苗种培养，延长了养殖期，通过分批放养、轮捕上市的模式，提高了养殖产量与效益。

◆ **培育前大棚建设**

培育池。单独或在成虾养殖池内选择避风向阳一边建幼虾保温（或加温）培育大棚。培育池面积一般为 500 ~ 1200 平方米，坡比以 2：1 为宜。培育池水位要求保持在 100 ~ 130 厘米。进排水分设两端，且池底向排水口一端略倾斜。若有条件，在排水口外设集苗池，面积 10 ~ 20 平方米，集苗池底应比培育池底低 40 厘米，以便大规格幼虾出池时可排水集苗。

农膜大棚搭建。大棚以钢管呈圆弧形作为骨架，焊接成钢梁，每根钢梁长度 10 ~ 15 米，间距 60 ~ 80 厘米，棚顶用塑料农膜覆盖，外层用尼龙网或绳索压紧，四周用土夯实。大棚四周要挖好水沟，防止雨水渗入培育池内。

◆ **加温和增氧设施配备**

早期（2 ~ 3 月份）放苗大棚培育池需要无压茶水锅炉加温（少数大棚也用电热棒加温），600 平方米大棚池配备一台 500 ~ 1000 升的茶水锅炉。中、晚期（4 ~ 5 月份）放苗大棚不需要加温设备。大棚培育池采用气泵配套散气石进行增氧，600 平方米的大棚配备一台 1.1 千瓦的空气泵，气泵放在大棚的中部，通过直径 40 毫米塑料管由中央向两端送气。散气石通过软管与送气管相连，一般每 3 ~ 5 平方米设一个散气石。或在池底铺排微孔曝气管增氧。

◆ **虾苗放养**

大棚培育池水温稳定在 22℃ 以上，虾苗经试水 24 小时安全后即可放苗。放苗密度根据大棚内养殖时间而定，以 1000 ~ 3000 尾 / 米^2 为宜。为提高幼虾培育成活率，建议放苗后的前 3 天大棚水温最好提升到 26 ~ 28℃，一周后稳定在 25 ~ 26℃。

◆ **虾苗培育管理**

投饲管理。以投喂微颗粒配合饲料为宜。根据不同的培育阶段，日投喂量占虾苗总体重的 5% ~ 15%。放苗第一周也可按每 10 万尾虾苗，每次用一个鸡蛋做成的蛋羹颗粒量投喂。每天早、中、晚各投喂一次。

水质管理。视水质情况更换池水。连续充气增氧，使水体溶解氧保持在 3 毫克 / 升以上。水温控制在 22 ~ 26℃。pH 为 7.5 ~ 8.5。

◆ **幼虾出池**

当大塘水温稳定在 22℃ 以上，大塘水质经幼虾试水安全后即可采取拆棚拉网过数，或排水集苗过数，或直接加水浸没幼虾培育池的方法，让幼虾进入大塘饲养。出苗前要"炼苗"，即在出苗前 1 ~ 2 天逐步揭开塑料农膜，连续进、排水，使棚内外水温一致，增强幼虾的适应性。

青虾苗种培养

青虾苗种培养是指在人工可控环境条件下，将青虾溞状幼体培育成可供放养虾苗的过程。整个过程都在淡水中完成，刚孵出的溞状幼体至 1.2 厘米的仔虾都营浮游生活，长至 1.3 厘米以上开始陆续沉入水底营底栖生活。苗种培育包括池塘准备、苗种放养、饲养管理、敌害防治等。

◆ **池塘准备**

要求水源充足，水质清新。水质应符合 GB 11607—89 和 NY 5051—2001 规定。池塘为长方形、东西向，面积以 2～5 亩为宜。池埂坡度平缓，池底平坦。池深 1.2～1.8 米。淤泥厚度不超过 15 厘米。进排水分开，进排水口有 80 目以上的过滤设施。配备水泵和增氧设施等设备。养殖池塘需要清整，清除过多淤泥；用生石灰、强氯精或漂白粉进行消毒；塘底充分晒塘。注水用 80 目以上网过滤，水深为 1.0～1.5 米；用腐熟的有机肥或商品生物肥料肥水，为甲壳类动物提供生物饵料。

◆ **苗种放养**

青虾的抱卵虾孵化、幼体培育均在苗种培育池中进行。亲本育苗池放养有 3 种方式：①1～3 月份中虾（未经培育的亲本）直接放入育苗池，放养量 5～7 千克/亩，雌雄比例为 3∶1。②5～6 月份经培育的成熟亲本按（3～5）∶1 配入育苗池，放养量 10～15 千克/亩；③抱卵母虾放入育苗池，放养量 5～8 千克/亩。

◆ **饲养管理**

饲料投喂。青虾育苗整个溞状幼体培育阶段以肥水为主，同时可以适当投喂豆浆，一般每亩每天用 1～4 千克黄豆磨成豆浆，具体投喂量根据水体肥瘦程度而定，水越瘦用量越多；也可以在豆浆中加入鱼粉、蚕蛹粉、豆粕等混合料。分两次泼洒，上午 8:00～9:00 为 60%，下午 4:00～5:00 为 40%。当有 50% 的溞状幼体变态成仔虾后，就可以开始投喂全价配合饲料的破碎料，前期以小破碎料为主，中后期以大破碎料为主，每天上下午各投喂 1 次，上午 8:00～9:00 为 40%，下午 4:00～5:00

为 60%，投喂量为每次投喂后 3 小时吃完为准。饲料为南美白对虾饲料或者罗氏沼虾饲料，粗蛋白质含量为 42% 以上。配合饲料投喂 20 天以后，当虾苗长至 1.5 厘米以上，就能拉网销售或分塘养殖。

水质管理。虾苗培育阶段，保持水体的透明度 20 ~ 30 厘米，施肥主要用由正规厂家生产的生物有机肥，用量参照厂家说明使用；在肥水的同时，定期使用光合细菌和乳酸菌，用量为：光合细菌 100 克 / 亩，乳酸菌 1000 毫升 / 亩，每隔半个月使用一次；溞状幼体到虾苗的变态过程需要大量的钙离子补充，需要定期泼洒磷酸二氢钙，用量 10 千克 / 亩；适时增氧，保持水体溶氧含量在 5 毫克 / 升以上。

◆ 敌害防治

溞状幼体孵出之前用 10% 的阿维菌素溶液全池泼洒，杀灭大型枝角类、桡足类等浮游动物，用量为 50 毫升 / 亩。每天巡塘，清除水中蛙卵、蝌蚪等敌害生物，铲除池埂杂草，控制池中水草，保持良好的池塘水环境。

中华绒螯蟹苗种培养

中华绒螯蟹苗种培养是指从孵化后的中华绒螯蟹溞状幼体培育成蟹苗（大眼幼体），再将蟹苗培养成供成蟹养殖放养的 1 龄蟹种的过程。一般分为蟹苗培养和蟹种培养两个阶段。

◆ 蟹苗培养

将刚孵化出来的幼体（溞状幼体）培育成大眼幼体的过程。中华绒螯蟹蟹苗培养主要在中国江苏、辽宁、河北、浙江等沿海区域进行。截至 2021 年，已建立一整套蟹苗生态化的繁育体系。各地采用的中华绒螯蟹人工蟹苗培养方式有 3 种：土池育苗、工厂化育苗和土池大棚育苗。生产上主要以土池育苗为主。

培育池建设。土池育苗即利用沿海滩地人工开挖的土池进行中华绒螯蟹室外育苗。育苗土池面积一般为 1 ~ 5 亩，水深 1.5 ~ 1.8 米，池底要求硬底无淤泥。

清塘消毒。培育池除干塘曝晒外，在幼体培育开始的半个月前，每亩用 150 千克生石灰或 15 千克漂白粉清理和消毒。

施肥培饵。在河蟹幼体孵出前 4 ~ 5 天，向育苗池注入经过过滤的海水，每亩施放化肥硝酸铵 1 ~ 1.5 千克，同时接种事先培养好的单细胞藻液于池中。

幼体放养。每立方米水体放养第 Ⅰ 期溞状幼体 1.2 万 ~ 1.6 万只为宜。

饵料投喂。饵料主要是藻类、轮虫、枝角类等。育苗期间应保证饵料的适口性、营养价值及新鲜度，同时依据幼体发育的不同阶段来安排饵料的种类。

水质调控。培育池主要水质指标最好控制在：盐度 18 ~ 25、pH7.8 ~ 8.5、溶氧 5 克 / 米^3 以上、温度 20 ~ 25℃、氨氮 0.035 克 / 米^3 以下。

蟹苗出池。经过近 30 天左右的培育，当池中的幼体 80% 左右变态成为大眼幼体（蟹苗）时，就可以用拉网捕捞蟹苗。

蟹苗暂养。为提高大眼幼体放养的成活率，出池蟹苗一定要经过 3 ~ 4 天的暂养淡化才能出售和放养于淡水水域。经过暂养淡化后的大眼幼体，体质健康活泼，规格可达 12 万 ~ 16 万只 / 千克。

◆ **蟹种培养**

将大眼幼体培育成Ⅴ期幼蟹，再将Ⅴ期幼蟹培育成蟹种的过程。

培育池选择与改建。蟹种培育池应选择靠近水源、水质清新、交通便利的土池。面积 3 ～ 5 亩，水深以 1.2 ～ 1.5 米为宜，池塘埂坡比为 1 ：（2 ～ 3）。培育池底质以黏壤土为宜，使用前设防逃设施。

培育池水质标准。适宜水温 15 ～ 30℃；适宜溶氧 ≥ 5 毫克 / 升；适宜 pH 7.0 ～ 9.0；适宜透明度 30 ～ 50 厘米；氨氮 ≤ 0.1 毫克 / 升；硫化氢不能检出；淤泥厚度 < 10 厘米；底泥总氮 < 0.1%。

清塘消毒。4 月上旬除野消毒，4 月下旬起重新注新水，用生石灰消毒，用量为每亩 150 千克。

移植水草。4 月中旬开始种植水草，培育池四周设置水花生带，带宽 50 ～ 80 厘米。水草移植面积占养殖总面积的 2/3 左右。

施肥培水。放苗前 7 ～ 15 天，老塘口每亩施过磷酸钙 2 ～ 2.5 千克；新塘口每亩另加尿素 0.5 千克或每亩施用腐熟发酵后的有机肥 150 ～ 250 千克。放苗前 3 ～ 5 天，加注过滤的新水，使培育池水深达 20 ～ 30 厘米，加水后调节水色至黄褐色或黄绿色。

蟹苗放养。蟹苗放养密度 1 ～ 1.5 千克 / 亩。放苗时，先将蟹苗箱放置池塘埂上，淋洒池塘水，然后将箱放入塘内，倾斜地让蟹苗慢慢自动散开游走，切忌一倒了之。

水质调控。蟹苗下塘时保持水位 60 ～ 80 厘米。Ⅰ期仔蟹入塘后，逐步加过滤的新水，水深达 100 厘米以后开始换水。每隔 5 天，向培育池中泼洒石灰水上清液，调节池水 pH 7.5 ～ 8.0。仔蟹下塘后每周加注新水 1 次，每次 10 厘米；7 月份后保持水深 1.5 米左右，7 ～ 10 天换水 1 次，视池塘水质情况每周泼洒生石灰水 1 次，每次生石灰用量为 10 ～ 15 克 / 米³。

仔蟹分塘。蟹苗经 4 周培育变成 V 期仔蟹，可原塘培养，也可分塘转入扣蟹培育阶段。仔蟹的捕捞以冲水诱集和捞网捞取为主，起捕的仔蟹经过筛分规格分塘放养。至 5 月底仔蟹放养按 V 期仔蟹 30 ～ 40 只 / 米² 继续进行 1 龄蟹种培育。

饲料投喂。幼蟹培育饲料可用天然饲料（浮萍、水花生、苦草、野杂鱼、螺、蚌等），人工饲料（豆腐、豆渣、豆饼、麦子等）和配合饲料。幼蟹培育日投喂量为池内蟹体重量的 5% ～ 10%。7 月前，动物性饵料约占 70%；7 ～ 9 月期间动物性饵料占 20% 以内；9 月后动物性饵料占 50%。

蟹种起捕。蟹种采用地笼张捕、灯光诱捕、水草带上推网推捕、干塘捉捕、挖洞捉捕等多种方法，以求尽量捕尽存塘扣蟹。

淡水贝类苗种培养

淡水贝类苗种培养是指将淡水养殖贝类从幼体阶段培养至池塘、湖泊中适宜放养规格的过程。主要包括蚌类、蚬类及螺类的苗种培养。由于它们的繁育方式完全不同，其苗种培养方式也不尽相同。

◆ **蚬类苗种培养**

蚬类繁殖方式极为复杂，其苗种培养指将 D 形幼虫经过变态幼虫阶段培育至壳长 1 ～ 2 毫米的稚贝。生产上多采用湖泊放养亲蚬实现苗种及资源的自然增殖。

◆ **螺类苗种培养**

螺类为卵胎生或卵生。前者受精卵在母体内孵化后直接排出仔螺，因此一般不涉及苗种培养；而卵生的螺类，在人工孵化后通过投喂适口的饵料，并与成螺分开养殖，可增加仔螺的早期成活率，但与成螺的养殖并没有严格的分界。

◆ **蚌类苗种培养**

刚完成变态发育的稚蚌在人工培养条件下培育至壳长 3 ～ 6 厘米规格的过程。主要包括蚌苗培养与幼蚌培养。其中蚌苗培养指经过 40 ～ 60 天的流水培养至壳长 1 厘米左右的稚蚌。这一阶段蚌苗的生长快、成活率低，特别容易出现大量死亡，需要提供适口的饵料、适宜的底质与充足的溶解氧。此外，水体尤其是底质中的敌害生物对稚蚌的生长与成活具有很大威胁，应加强日常管理和药物防治，以提高蚌苗的成活及生长。幼蚌培养，也称青年蚌培养。一般在池塘中采用网箱吊养的方式开展幼蚌培养。经 4 ～ 9 个月可养成壳长 3 ～ 6 厘米，即可用于珍珠插片手术或进一步采用网袋分养。在幼蚌放养前，应彻底清塘消毒，并避免放养肉食性鱼类、虾蟹等。在培养期间，主要通过施用有机肥、无机肥，或者通过鱼蚌混养等方式来培育幼蚌的天然饵料，如微藻、细菌及有机碎屑等，定期泼洒生石灰等调节水体弱碱性，并增加水体钙离子浓度，可促进幼蚌的快速生长，该阶段幼蚌的成活率相对较高。

池蝶蚌苗种培养

池蝶蚌苗种培养是在人工可控环境条件下，将完成变态发育的池蝶蚌稚蚌培育至珍珠插片手术规格的过程。池蝶蚌苗种培养与三角帆蚌相似，主要分为蚌苗培养与幼蚌培养两个阶段。

◆ 蚌苗培养

蚌苗培养是指从刚完成变态发育的稚蚌，经过 40 ～ 60 天的微流水培育至壳长 1 厘米左右的蚌苗的过程。蚌苗的培育池多为长方形或正方形，面积 1 ～ 2.5 平方米，池高 20 厘米左右；在培育池一侧利用塑料管（与高位池相通）上扎孔喷射水流，以保持培育池内微流水，给蚌苗带来充足的溶氧及天然饵料；培育池另一侧设有溢水口，水位 10 ～ 15 厘米。每日"翻池"，使沉积在池底的排泄物及有机质等随水流排出。在稚蚌的早期生长阶段，通过泼洒适量的黄泥浆水，一方面可为稚蚌提供适宜的栖息和摄食环境；另一方面，也可抑制或减少蚌苗敌害生物的生长。当蚌苗培养至壳长 3 ～ 5 毫米时，可直接泼洒干泥粉，并保持池底泥厚度与稚蚌壳长的生长相当。水温、饵料、水质及日常管理对蚌苗的成活率与生长速度影响较大。

◆ 幼蚌培养

幼蚌培养是指将壳长 1 厘米左右的蚌苗培养至 6 ～ 9 厘米用于插无核珍珠插片手术规格。采用网箱吊养的方式在池塘中开展幼蚌培养。在网箱底及四周铺设 1 层塑料纸，塑料纸上铺设 1 ～ 2 厘米厚的黄泥；网箱幼蚌放养密度 200 ～ 250 只 / 网箱（规格：45 厘米 ×45 厘米 ×10 厘米，网衣的网目：1～2厘米），网箱吊养深度为25～35厘米；培养池塘在幼蚌放养前1周应彻底清塘，清塘后放养适量的草鱼、鳙、鲫等鱼类，也要避免放养肉食性鱼类和虾蟹类；幼蚌培养期间，通过定期施肥或泼洒豆浆等方法来培育充足的天然饵料供幼蚌摄食生长。经过4～9个月的培养，即可养成至无核珍珠插片手术蚌的规格。

三角帆蚌苗种培养

三角帆蚌苗种培养是在人工可控环境条件下，将完成变态发育的稚蚌培育至珍珠插片手术规格的过程。主要分为蚌苗培养与幼蚌培养两个阶段。

◆ 蚌苗培养

三角帆蚌苗培育是指从刚完成变态发育的稚蚌，经过40～60天的微流水培育至壳长1厘米左右的蚌苗的过程。一般从春季4月中旬开始培育至6月初，蚌苗即可出池销售或进入下一阶段培养。

蚌苗培育车间建设。选择水源充足、无污染、水质达标的地方建设蚌苗车间（繁育车间），其主体与蔬菜温棚类似，表面覆盖塑料薄膜及遮阳膜，便于育苗期间保温、避雨及遮光；车间内设联排的蚌苗培育池，多为长方形或正方形，面积1～2.5平方米，池高20厘米左右，底部铺设一层塑料薄膜，培育池一侧设有溢水口，水位10～15厘米。

蓄水池。蚌苗培育车间附近建有一蓄水池，水位比育苗车间高50厘米左右，通过聚氯乙烯（PVC）管接入育苗车间，在培育池一侧利用塑料管（与PVC相通）上扎孔喷射水流，以保持培育池内微流水，给蚌苗带来充足的溶氧及天然饵料。

水质及流量调控。在蚌苗培养的早期（两周内），水质要求清新，透明度30～40厘米；放养两周后，可在蓄水池通过挂袋的方式施用有机肥，逐步增加水体饵料浓度，透明度20～30厘米；通过增加塑料管上小孔数量，使培育池内流水量逐步增加；定期向蓄水池补充新鲜水，保持恒定水位差。

蚌苗培育日常管理。每天用手彻底翻动培育池内水体，俗称"翻池"，使沉积在池底的排泄物及有机质等随水流排出。特别是在稚蚌的早期生长阶段，需要泼洒适量的黄泥浆水，可为稚蚌提供适宜的栖息和摄食环境，同时可抑制或减少如摇蚊幼虫、扁平虫等有害生物的生长。当蚌苗培育至壳长3～5毫米阶段时，可直接泼洒干泥粉，并保持池底泥厚度与稚蚌壳长的生长相当。水温、饵料、水质及日常管理对蚌苗的成活率与生长速度影响较大。

◆ 幼蚌培养

三角帆幼蚌培育是指从壳长1厘米左右的蚌苗培养至6～9厘米用于无核珍珠插片手术规格的过程。

养殖模式。采用网箱在池塘中吊养的方式开展幼蚌培养。网箱规格：长50厘米×宽50厘米×高10厘米，网衣的网目大小1～2厘米，在箱底及四周铺设一层塑料纸，在幼蚌放养前网箱底部铺设1～2厘米厚的黄泥作为幼蚌栖息的底质。

幼蚌放养。在幼蚌放养前1周培养池应彻底清塘，清塘后可放养适量的草鱼、鳙、鲫等鱼类，但要避免放养肉食性鱼类，如鲤、青鱼等；

幼蚌放养密度 250 ～ 300 只 / 网箱，网箱吊养深度为水下 25 ～ 35 厘米。

日常管理。在幼蚌放养 1 周后，应通过定期施肥或泼洒豆浆、投喂鱼饲料的方法来培育充足的天然饵料供幼蚌摄食生长；定期检查幼蚌生长情况，网箱内适时添加晒干的碎黄泥；每月泼洒生石灰 15 ～ 20 千克 / 亩，增加水体钙离子浓度，调节水体 pH 在 7.0 ～ 8.5。一般 6 月初放养蚌苗，至当年 10 月底即可培养至无核珍珠插片手术蚌的规格。

两栖类苗种培养

两栖类苗种培养是指在人工可控环境条件下，将两栖类动物受精卵孵化出苗并培养至亚成体的过程。一般分两个阶段，即苗的培养阶段和种的培养阶段。

◆ 苗的培养

两栖类苗的培养是指将刚孵化出膜的幼苗培育到变态结束为苗的培养阶段。根据物种分类差异，两栖类的物种繁殖季节不同，但多在春、夏季产卵。两栖类幼苗在买苗的培养阶段有"变态"过程，即从孵化发育后的用鳃呼吸、以尾运动的水生幼体阶段到以肺呼吸和用趾运动的成体阶段。此阶段的幼苗生活在水中，养殖池按水生动物要求建造。幼苗靠鳃呼吸，生长速度快，运动和摄食能力较差，适应环境、抵御敌害和抗病力差。因此，此阶段幼苗培育的关键是要选择合适的开口时间和开口饵料，养殖水体要温度适宜、溶氧丰富、水质优良，且尽量模拟幼苗的自然生长状态下的条件，以避免应激等情况发生。

◆ 种的培养

两栖类种的培养是指经历幼苗培养阶段，将完成变态的幼苗培养至亚成体的过程称为种的培养。此阶段养殖动物的生活习性已接近成体，无尾两栖类的养殖池可建造成有部分水体和部分陆地相结合的结构，有尾两栖类的养殖池仍按水生动物的要求建造。随着动物机体的成长，其抵抗外界环境变化和适应环境的能力都有所加强，但在养殖过程中保持优良的水质及控制适宜的养殖温度十分重要，在养殖上，还需要控制适当的养殖密度和适口的饵料，饵料应定时定量投喂。同时也要预防疾病发生，尤其是在温度变幅较大的季节。

大鲵苗种培养

大鲵苗种培养是在人工可控环境条件下，将大鲵幼苗培养至幼鲵的过程。包括幼苗培养和幼鲵养殖两个阶段。

◆ 幼苗培养

大鲵幼苗培养是指从出膜到完成变态之前的大鲵幼苗的培育。此阶段的大鲵幼苗生活在水中，靠鳃呼吸，要求水质优良，养殖水温 15 ～ 22℃ 为宜。养殖池可用面积 1 ～ 2 平方米的室内水泥池，池底用瓷砖铺砌，每个水池有独立的进排水管。放苗前将养殖池彻底清洗干净，新建初次使用的养殖池需提前 2 ～ 3 周放水浸泡。根据幼苗不同规格选择养殖水体深度：幼苗全长 3 ～ 5 厘米，水深 3 ～ 4 厘米，放养密度 200 ～ 300 尾 / 米 ^{2}；幼鲵全长 6 ～ 15 厘米，水深 5 ～ 8 厘米，放养密度 80 ～ 200 尾 / 米 ^{2}。

大鲵幼苗在出膜后约 30 天，卵黄会被完全吸收，此时需要及时驯食幼苗开口觅食红虫、孑孓等饵料。做到定时投喂，每天投喂 1 ～ 2 次，饵料投喂于池中央，投喂量以幼苗在投饵后一小时左右吃完为宜。养殖 5 个月左右进行转食养殖，逐渐过渡到投喂小虾、小鱼块等食物，转食驯化宜在 2 周内完成。每天换水 1 次，每次换水量为原池水一半，并清除池中污物。由于幼苗对外界抵抗力较差，且 6 ～ 9 月龄时要完成变态过程，变态期间机体的呼吸、消化等生理机能会发生较大变化，要考虑因季节变化而导致的疾病发生。养殖过程中，每隔 20 ～ 30 天将各池的规格调整一致。此阶段幼苗会经历出膜后首个冬季，可以提高养殖温度减少幼鲵冬眠期，有助于其快速生长。

◆ **幼鲵养殖**

幼鲵培养是指大鲵幼苗完成变态后的幼体再行养殖一周年的阶段。也可称为大鲵的 2 龄苗种培养。使用室内养殖池，面积 2 ～ 4 平方米，池高 40 ～ 50 厘米，水深 8 ～ 10 厘米，放养前将养殖池用清水洗净，加满水后，用含有效氯 30% 的漂白粉 5 ～ 10 克 / 米^3 浸泡一天，清洗后加至正常水位。变态后的 2 龄幼体养殖密度为 50 ～ 100 尾 / 米^2。整个培育过程需定期换水，静水养殖时，在幼鲵生长期每天换水一次；微流水养殖方式，每 1 ～ 2 周应将养殖池清洗 1 次。投喂饵料按照定质、定量、定时、定点的原则，以切碎的鱼块为主，将鲜鱼洗净去骨，可用盐水浸泡处理 10 分钟，切成 0.4 ～ 0.8 厘米的小块，饵料大小可随幼鲵的生长逐渐增大，以幼鲵能顺利吞食为宜。每天投喂一次，投饵量为幼鲵体重的 1% ～ 2%，有条件的地区，可间隔一定时间投喂大小适口的鱼苗或小虾。每天早晚巡查两次，检查吃食情况，观察幼鲵活动情况，如发现异常应及时处理。及时清除残饵，查看水温。由于幼鲵的生长速度会出现个体差异，需要及时调整养殖规格，尽量将相同规格幼鲵同池饲养，并逐渐降低养殖密度。需注意水温控制，温度剧烈变化易引发疾病发生。冬季水温低于8℃，幼鲵有冬眠习性，可减少或不投喂饵料，但每周应换水1次。冬眠后的次年春季幼体存在补偿生长特性。

牛蛙苗种培养

牛蛙苗种培养是在人工可控环境条件下，将牛蛙受精卵孵化出膜的蝌蚪培养至商品规格苗种的过程。分为蝌蚪培养及幼蛙培养两个阶段。

◆ 蝌蚪培养

牛蛙蝌蚪培养是指从出膜后的蝌蚪期到完成变态之前的牛蛙幼体的培育过程。蝌蚪养殖池以大小4～6平方米、水深30厘米的水泥池为宜，牛蛙蝌蚪有大吃小的现象，因此可多建蝌蚪池以便按规格分池饲养。30日龄前蝌蚪放养密度一般为1000～2000尾/米^2；30日龄至变态期放养密度为500～1000尾/米^2。蝌蚪从孵化池转移到蝌蚪池后最初投喂蛋黄，随后4天内可加入豆浆投喂，然后逐渐摄食单细胞藻类。蝌蚪阶段以植物性饵料为主，因此需要提高水体中有益藻种类和数量。由于此阶段生长速度快，需根据食量及时调节饵料数量和种类，随着蝌蚪的长大，饵料逐渐过渡为投喂黄粉虫、蛆虫、蚯蚓等活饵料。每天上、下午各投食1次，遵循"定时、定位、定质、定量"操作原则。每天排污换水，控制养殖池水温变幅不超过3℃，且保证养殖水质清新，以免引发疾病。

养殖池内可投放部分水生植物以供蝌蚪栖息。定期根据蝌蚪规格进行调整，按适宜规格和密度分池饲养。

◆ 幼蛙培养

牛蛙幼蛙培养是指牛蛙蝌蚪完成变态后，幼蛙养殖为蛙种的过程。幼蛙在水中生活时间较短，应建立专门的幼蛙池。幼蛙可采用水泥池或土池饲养，池大小 10～50 平方米，池深 80～90 厘米，水深 20～40 厘米。池内可设置陆地并种植植物，便于幼蛙活动、隐蔽与捕食。幼蛙放养密度为 100～150 只/米^2。在池内搭建 1 个饵料台，便于投喂饵料。饵料包括糊状米糠、麦麸、蚯蚓、鱼泥和人工配合颗粒饲料等，每天投喂 1～2 次，总投喂量为幼蛙体重的 3%～5%。幼蛙最佳生长温度在 25～30℃，夏季应搭置遮阳棚。随着幼蛙的生长，可逐渐提升水位，降低养殖密度，应定期对幼蛙规格大小进行分池饲养以防止自相残杀。当温度降至 10℃ 以下，幼蛙需要越冬，可引用地下水或采用塑料棚保护其越冬，也可以建立专门的越冬池，对越冬池松土，上面放上草垛，预留洞穴，使其入洞冬眠。养殖过程中应及时清除残饵，保证养殖水体优良，减少疾病的发生。

爬行类苗种培养

爬行类苗种培养是在人工可控环境条件下，将乌龟、鳄龟、中华鳖等龟鳖目从刚孵出的龟鳖苗培养成供食用或观赏用商品龟鳖养殖放养的龟鳖种的过程。一般可分为 3 个阶段，即出壳龟鳖苗暂养、稚龟鳖培养和幼龟鳖培养阶段。

◆ **出壳龟鳖苗暂养**

刚出壳的爬行动物羊膜未能脱落，同时还有像豌豆粒大的卵黄尚未被吸收，体质十分娇嫩，易受到病菌的侵害，因此在转入培育池前最好经过暂养阶段，待卵黄吸收完羊膜自然脱落后再放养，以提高其养殖成活率。暂养多采用光滑的陶瓷或塑料器具，水深 1～2 厘米，放入一定数量的新鲜水草。经常换水。一般情况下经过 1～3 天的暂养，脐带完全收缩。为使稚龟鳖下池后能尽快摄食，暂养期间投喂开口饵料进行驯食。

◆ **稚龟鳖培养**

稚龟鳖培养阶段大多为从仔龟开食暂养规格到 50 克以下的培养过程。当年孵化获得、经暂养过的苗种，可在室内水泥池、水族箱、露天水泥池或土池中进行培育，其放养密度视培育方式、换水条件、保温条件及饲养水平等而定，大致需要经过 2～3 个月的精饲养然后进入越冬。水生爬行类一般采用水泥池继续培养，面积 20～50 平方米，水深40～45 厘米。池中放置水草，设置饲料台，斜度 30º 左右。用生石灰150～200 克 / 米^{3}或漂白粉（有效氯含量 28%）10 克 / 米^{3}彻底消毒池子。5～7 天后注水、肥水，透明度保持在 20～30 厘米。放养前需用 15～20 克 / 米^{3}高锰酸钾溶液浸泡 20 分钟。大多数陆生爬行类则在建池时构筑一定面积的小岛，设置 30～50 厘米厚沙土和龟窝，堆放石块和栽种植物，以供遮阳、栖息，攀树觅食。

投喂的饲料有"红虫"、摇蚊幼虫、小虾、蝇蛆、蚯蚓等活饵料，熟鸡蛋、鱼虾、螺蚬、河蚌肉等动物性饵料，以及商品饲料。严格按照定质、定量、定时、定点的"四定"原则，所投的量视气候状况和摄食强度调整，以控制在 2 小时内为准。每天排污、清除残饵，适时加注或更换新水。7 ～ 10 天泼洒 1 次生石灰，用量为 10 ～ 15 克 / 米^3。

◆ **幼龟鳖培养**

幼体培养阶段大多为 50 克稚苗养至 250 克左右的过程。中华草龟幼龟的规格则为 100 克左右。因爬行类有冬眠习性，因此幼体培育阶段大多经历越冬冬眠，头和四肢都会收缩进入壳内，双眼紧闭。越冬期间要注意温度变化波动不宜过大。

冬眠苏醒后需投喂水蚯蚓、剁碎的小鱼块、猪肝等爬行类喜食的饲料，使其尽早摄食，以增强体质，提高对疾病的抵抗能力。待正常摄食后，及时更换池水并彻底消毒处理，并按个体不同规格分池培育，避免弱肉强食，影响成活率。投喂的饲料有鲜活鱼、虾、螺、蚌、蚯蚓、禽畜肝脏等动物性饲料，新鲜南瓜、苹果、西瓜皮、青菜、胡萝卜等植物性饲料，以及商品配合饲料。严格按照定质、定量、定时、定点的"四定"原则，所投的量视气候状况和摄食强度调整，以控制在 2 小时内吃完为准。平时加强病害防控，坚持以防为主，防治结合。养殖用具定时消毒，疾病治疗做到对症下药。

日常投喂做到定点、定量、定时、定质，饵料多样化。水体透明度稳定在 25 ～ 30 厘米，池水 pH 在 7 ～ 8，水位春季控制在 0.8 米、夏季和冬季控制在 1.5 米以上。10 月底前彻底换水 1 次，换水后用

20～30毫克/升的生石灰消毒1次，越冬期间水深1.5米以上，池底保持20厘米厚的淤泥。翌年4月中、下旬，当水温上升到15～22℃时，龟结束冬眠。

第 3 章

淡水苗种繁育

　　淡水苗种繁育是在人工可控环境条件下，将淡水鱼类受精卵孵化并培育至商品规格幼鱼的过程。

　　最早进行人工苗种繁殖的养殖动物种类是鱼类，鱼类苗种繁育技术在春秋战国时期范蠡的《陶朱公养鱼经》中已有描述。1949 年后中国鱼类繁育技术得到快速发展。1958 年广东省南海水产研究所钟麟等首次成功获得人工控制下繁殖的鲢鱼苗，此后青鱼、草鱼、鲢、鳙"四大家鱼"人工繁殖技术获得突破。1966～1976 年科技人员又相继攻克了河鳗、柏氏鲤、黄尾密鲴、中华鲟等淡水鱼类的人工繁殖技术难关，同时进行大规模淡水鱼类的杂交育种试验，培育出福寿鱼、红镜鲤、丰鲤等品种。1977～2000 年，开展鲤科鱼类种间杂交和种内杂交，先后育成建鲤、异育银鲫等多个品种或品系，将杂交、温度休克、核移植等技术应用到鱼类育种中，培育出多个新品种。2001～2021 年，采用选育、杂交等多种育种方法，培育了 100 多种淡水养殖新品种。

　　在苗种培育方面，1958～1962 年，鱼类夏花培育开始了从混养到单养，使苗种生产在种类和数量上都满足了生产的需要；1963 年后，苗种生产的应用范围进一步扩大，改良原先直接养成夏花的一级养殖法为先养成乌子，再稀养成夏花的二级饲养方法，提高了鱼苗的成活率和产量；1965年总结了一套比较完整的多级轮养技术，进一步提高了苗种的培养产量和生长速度。进入21世纪后，淡水苗种培育品种进一步增加，先后对甲壳类、爬行类、贝类等名、特、优淡水养殖品种苗种培育进行研究，建立了苗种培育操作规程，大幅度提高了苗种生长速度、成活率、单位面积产量。

繁殖是淡水养殖动物生活史的一个重要环节，包括亲体性腺发育、成熟、产卵和排精，到精卵结合孵出苗的全过程。这个环节与淡水养殖动物的其他生命环节相互联系，保证了种群的繁衍发展。淡水养殖动物通过摄食、生长为繁殖准备了物质和能量资源，通过繁殖又把这种资源传递给后代。繁殖出的苗种通过强化培育，长成夏花或种后，放入大塘进行成体养殖。水产养殖中将此过程称为苗种培育过程。苗种培育分为苗的培育和种的培育两个过程。

鱼类苗种繁育技术的发展，促进了水产养殖业的进步，丰富了养殖品种，提高了养殖成活率和产量。特别是人工繁殖技术的成功，改变了中国1000多年来完全依靠捕捞天然鱼苗的历史现状，使中国的淡水养殖业进入一个新的发展阶段。展望未来，随着人工繁殖技术的不断提高，将会有越来越多的野生品种被开发成养殖品种，大规格苗种的培育将会缩短成鱼养殖周期，提高养殖产量。

淡水鱼类苗种繁育

鲤鱼繁殖

鲤鱼繁殖是在自然环境和人工调控环境条件下，将鲤鱼受精卵孵化并培育成苗种的过程。人工繁殖过程主要包括亲本选择和培育、人工催产和受精、人工孵化和管理等过程。

◆ 亲本选择

从国家级原良种场引进或从野生自然种群中收集体健质优、遗传性状优良的鲤鱼作为繁育群，再经过精心饲养管理可以获得性腺发育良好的亲鱼。雌鱼 3～6 龄、体重 1.5 千克以上，雄鱼 2～4 龄、体重 1.0 千克以上。在生殖季节，鲤雄鱼的表形特征体现为：体狭长头较大，腹部狭小而硬，成熟后能挤出精液，胸、腹鳍和鳃盖有"追星"，手摸有粗糙感，生殖孔略凹下；鲤雌鱼背高体宽，头较小，腹部膨大而柔软，胸鳍没有或少有"追星"，肛门和生殖孔略红肿凸出。

◆ 亲本培育

池塘条件。亲鱼培育池应选择背风向阳、水源丰富、水质清新、注排水方便的鱼塘，池塘面积 6～15 亩为宜，要求池底平坦，淤泥厚度 10～15 厘米，水深 1.5～2.5 米。亲鱼宜专池饲养，建立亲鱼档案。

放养密度。亲鱼池塘放养量每亩不超过 300 尾，可混养 100～150 尾鲢、鳙。为防早产，在秋末或立春前雌雄鱼分塘培育。

饲养管理。亲鱼饲养管理以投喂管理和调节水质，使其发育良好并在下一年能产出数量多、质量好的卵为准。饲养鲤亲鱼的饲料有豆饼、菜饼、麦芽、米糠、菜叶、螺蛳等，或粗蛋白含量在 27% 以上的营养全面的配合饲料，不宜长期饲喂单一饲料。日投喂率为鱼体重的 2%～4%，随水温及鱼的摄食强度情况进行调整。一般日投喂 2 次，上午、下午各 1 次，并加强产前和产后培育。亲鱼在越冬前 1 个月应投喂足量的营养全面的饲料，当春季水温上升至 8℃ 以上时，降低投喂量；水温上升到 13℃ 以上时，投喂足量的饲料，确保其亲鱼产前性腺发育良好。产后亲鱼应及时转入水质清新的培育池中培育，投喂足量的饲料，使其尽快恢复体质。

亲鱼培育过程需要加强水质调节。冲水可以改善水质，并可满足亲鱼对水流的要求，为性腺发育提供良好的生态环境。经常加注新水，提高水体溶氧，并提高亲鱼摄食强度。定期泼洒生石灰、漂白粉等，以调节水质和预防鱼病。

◆ 人工催产和受精

鲤鱼的产卵季节为春季，具体月份因地区不同而略有差异，水温上升到 16～18℃ 时开始产卵。繁殖水温为 16～26℃，适宜繁殖水温为 18～24℃。在人工繁殖情况下，挑选体质健壮、性腺发育良好的亲鱼进行催产与配组，催产雌雄亲鱼的配组比例为 1：（1～1.5）。

人工催产的催产药物和剂量。每千克雌鱼用促黄体生长激素类似物 LRH-A 3.0～4.5 微克 + 绒毛膜促性腺激素 HCG 150～400 国际单位 + 地欧酮 DOM 0.8～2.0 毫克或鲤脑垂体 4～6 毫克；雄鱼用量减半。注射液用 0.7% 的生理盐水配制，注射剂量为每千克鱼用 0.5～1 毫升。可采用胸鳍基部或背部肌肉注射。雌鱼采用一次注射和两次注射均可。

采用二次注射时，第1针为全剂量的1/5，间隔8～10小时；第2针将余量注入鱼体。雄鱼一次注射，在雌鱼第2次注射时进行。效应时间因注射方法和水温而异，18～19℃时，二次注射的效应时间为13～15

鲤鱼自然产卵池

小时，水温每上升1℃，效应时间缩短1～1.5小时。

产卵的鱼巢制备。鱼巢作为鲤所产黏性卵的附着物，凡是细须多、柔软、不易发霉腐烂、无毒害的材料都可用来制作。常用经煮沸或药水浸泡的棕榈皮和柳树根等。鱼巢消毒后，制成束状，晾干备用。

人工授精和自然产卵。当天气晴朗、水温适宜时，即可将成熟的亲鱼进行人工催产，注射药物后按雌雄鱼1∶1.5的比例放入产卵池。注入微流水，有助于亲鱼发情。每亩可放亲鱼100～140尾。

人工授精。接近效应时间时检查雌鱼，若轻压腹部鱼卵能顺利流出，即开始人工授精。操作方法为：擦干亲鱼身上的水，将卵挤入1个干净容器内，再挤入适量精液，加适量0.5%～0.9%生理盐水，用硬羽毛搅拌1分钟后，将受精卵进行着巢或泥浆水脱黏后，转入孵化器进行流水孵化。

自然产卵。产卵池面积300～1000平方米，深度1.0～1.5米，注排水方便，有条件的可建成水泥池，并可架设塑料大棚，可提高产卵池水温，达到提前催产的目的。鱼巢可以沿鱼池四周或布设成方阵悬吊于池中。亲鱼产卵后，将已布满鱼卵的鱼巢及时轻轻取出，转入孵化池孵化。亲鱼产卵量因年龄及发育情况等存在差异，在人工繁殖条件下，一般每千克体重平均为 5 万粒左右。

◆ **人工孵化和管理**

孵化设施。可采用池塘孵化和专门孵化设备孵化。池塘孵化，利用 300 ～ 600 平方米、水深 1.0 ～ 1.5 米的池塘平铺或悬挂式孵化，注排水方便，注水时严防野杂鱼和敌害生物混入。孵化桶、孵化池或环道孵化，需建专用设施，依水量大小和每批需求苗量可定量生产。孵化桶直径 0.2 ～ 1.0 米不等；孵化池为水泥池或用铁板焊接成水箱，形状为长方形，面积为 16 ～ 32 平方米为宜；孵化环道直径为 6 ～ 10 米为宜。孵化用水要求水质清洁，溶氧量 5 毫克 / 升以上。

鱼苗孵化。受精卵经胚胎发育至孵出鱼苗的全过程，其间胚胎发育是否正常，与水温有密切关系，水温 20 ～ 25℃对鲤鱼胚胎发育较适宜。在受精卵进入孵化设施之前，用浓度 10 毫克 / 升的高锰酸钾溶液浸泡 30 分钟，对防治水霉菌有一定的效果。孵化用水应过滤，防止剑水溞等敌害生物的危害。

静水孵化池塘

静水孵化是将带有受精卵的鱼巢放在孵化池进行静水自然孵化，需提前 7 ～ 15 天清塘消毒，池塘孵化预防水霉病可用硫醚沙星化水全池泼洒，每立方米水体用量 0.15 ～ 0.37 克。鱼巢放置在水面下 0.1 ～ 0.2 米，鱼卵放置密度为每亩投放 67 万～ 100 万粒。在水温 22℃ 时，受精卵 3 ～ 4 天孵化出苗，静水孵化的鱼苗通常需要在原池培育至乌仔鱼种后再分池或出售。

流水孵化中，受精卵也可脱黏孵化。脱黏可采用泥浆和滑石粉等方法。人工授精脱黏后的鱼卵即可在孵化缸和环道等设施中流水孵化，每立方米水体放卵 150 万～ 200 万粒，孵化纱网为 24 目 / 厘米^2。鱼苗点腰、平游开口后，要及时投喂熟蛋黄悬液，每天 3 次，100 万鱼苗 1 次投喂 4 个蛋黄悬液，1 ～ 2 天后鱼苗体壮即可过数下塘或出售。

四大家鱼繁殖

四大家鱼繁殖是指在人工控制环境条件下，使青鱼、草鱼、鲢、鳙 4 种鱼的性腺发育、成熟、排卵、产卵、受精和孵化出鱼苗的过程。

◆ 亲鱼培育

亲鱼的选择。四大家鱼的雌性原种最适繁殖年龄为 5 ～ 10 龄，雄性的性成熟年龄普遍比雌性早熟 1 年。雌性亲鱼体重要求是：鲢 2 ～ 6 千克、鳙 5 ～ 10 千克、草鱼 5 ～ 10 千克、青鱼 7 ～ 15 千克。

亲鱼培育的方法。四大家鱼亲鱼的培育方法各地有所差异，但总体上方法趋于类同。鲢、鳙亲鱼的培育过程中重点以施肥为主，主要泼洒或者投放发酵过的牛粪、鸡粪，辅以投喂豆饼、菜饼以达到平衡水质的作用。草鱼亲鱼的培育主要做两方面的工作：①投饲以青草饲料为主、精饲料为辅。②保持池塘水质清新。青鱼亲鱼的培育关键是投喂足量的螺、蚬、蚌肉作为其饵料，辅以配合饲料、豆粕等精饲料，同时也要保持水质清新。

产前流水刺激。冲水或流水刺激四大家鱼亲鱼,有助于性腺发育,提高性腺成熟率、产卵率、产卵量乃至受精率。

◆ 人工催产

催产期。决定催产期的主要因素是水温,中国地域辽阔,各地气候变化差异较大,所以催产期也不同。长江中下游一般在 5 月初~ 6 月中旬,华南约早 1 个月,华北约迟 1 个月,东北地区则更晚。

雌雄配比。产时雌雄比一般鲢为 2:1,鳙为 3:2,草鱼 1:1,青鱼 5:4,以保证催产效果及受精率。

注射催产剂。注射催产剂可分为 1 次注射、2 次注射,青亲鱼催产甚至还有采用 3 次注射的。注射时应根据天气、水温和效应时间确定注射时间。一次性注射多在下午进行,次日清晨产卵。两次注射时,一般第 1 针在上午 7:00 ~ 9:00 进行,第 2 针在当日下午 6:00 ~ 8:00 进行。

效应时间。亲鱼注射完催产剂后(2 次或 3 次注射从最后 1 次注射完成算起)到开始发情所需的时间叫效应时间。效应时间根据不同情况从数小时到 20 小时不等。效应时间的长短主要由水温决定,水温高效应时间就短,反之则较长。一般 2 次注射比 1 次注射效应时间短。一般垂体效应时间比绒毛膜激素短,绒毛膜激素又比类似物短。通常鳙鱼效应时间最长,草鱼效应时间最短,鲢鱼和青鱼效应时间相近。

产卵和鱼卵收集。亲鱼注射催产剂后在激素的作用下,经过一定的效应时间开始发情。一般草鱼、鲢鱼较青鱼、鳙鱼明显。发情前 2 小时开始冲水,发情约 0.5 小时后便可人工产卵与人工授精。

人工授精。密切注意观察亲鱼发情动态，当亲鱼发情至高潮时，迅速捕起亲鱼采卵采精，立即人工授精。在雄鱼的精液不足时也采用半干法人工授精。

◆ 人工孵化

受精卵在一定环境条件下经过胚胎发育最后孵出鱼苗的全过程叫孵化。可以用静水充氧孵化法，也可采用流水孵化法。生产上常采用单环孵化环道和孵化桶流水孵化法。孵化环道用砖和水泥砌成，每个环道直径6～10米，环道一圈安装5～8个鸭嘴喷头，持续向环道内注水，形成环道内流水环境。环道内、外壁均为圆形实心墙，离环道外壁20～30厘米安装1圈60目的过滤纱网，外壁和过滤纱网的1圈安装5～8个直径4～5厘米出水管，水流由鸭嘴喷头进入环道中央，经过滤水纱网通过出水口排出。受精卵在环道中流水作用下，始终处于漂浮状态，有充足的溶解氧进行孵化。孵化桶用玻璃钢制成，上面是1个口径大的倒置的圆锥塔形，下面是1个口径小的倒放的圆锥，连接在一起后，在连接处粘上1圈倒八字形滤水纱网，底部圆锥尖处安装进水口，上部桶体安装出水口。每个桶可容400～500千克水，每100千克水可孵20万粒卵。孵化桶具有放卵密度大、孵化率高、使用方便等优点。

团头鲂繁殖

团头鲂繁殖是指在自然和人工可控环境条件下，将团头鲂受精卵孵化并培育成苗种的过程。团头鲂繁殖分为自然繁殖和人工繁殖，其中人工繁殖又分为人工催产自然产卵和人工催产人工授精两种类型。

人工催产自然产卵是在产卵池铺设鱼巢（棕榈片等），将注射过催产剂的团头鲂亲本放入产卵池，亲鱼产完卵后移出亲本，将鱼巢就地或移到另外的孵化池孵化。人工催产人工授精是将注射过催产剂的团头鲂亲本放入池，到达效应时间后，轻轻按压团头鲂雌鱼腹部，若有卵流出，立刻将团头鲂精、卵同时挤入瓷盆中，加入生理盐水，精卵充分混合3～5分钟，就可以进行受精卵的脱黏，采用滑石粉或泥浆脱黏的方法均可，脱黏后的受精卵放入孵化环道进行孵化，即完成人工授精。

鱼类常用催产药物对团头鲂催产都有效，单独使用或配合使用均可，但大多数情况采用配合使用。例如，单独使用鱼用绒毛膜促性腺激素（HCG），催产剂量为每千克雌鱼注射1500～2000国际单位，雄鱼减半；或与促黄体素释放激素类似物A2（LRH-A2）与地欧酮（DOM）配合使用，每千克雌鱼注射4～5微克LRH-A2和4～5毫克DOM，雄鱼减半。

团头鲂人工繁殖成功的关键在于将亲本培育好，团头鲂亲本培育池塘大小0.2～0.3公顷，放养密度1000～1500千克/公顷，雌雄比例1：1，秋冬加强培育，春季以黑麦草等植物为主进行强化培育，并适时进行池塘冲水刺激亲本性腺发育。

罗非鱼繁殖

罗非鱼繁殖是指在自然条件和人工可控环境条件下，将受精卵孵化并培育主苗种的过程。繁殖时水温一般在19℃以上。罗非鱼繁殖包括亲鱼培育、繁殖与苗种孵化3个过程。

◆ 亲鱼培育

罗非鱼亲本最好来自国家或省级的原良种场，选择生长快、种质纯正、体重 250 克以上的亲鱼，在水温稳定在 18℃ 以上，按照雌雄配比（3 ～ 4）：1，放雌亲鱼 100 千克 / 亩，雄亲鱼 25 ～ 30 千克 / 亩，亲鱼使用年限不超过 5 年。性成熟的雄性罗非鱼生殖突较雌鱼尖，生殖突上仅 1 个泄殖孔，生殖季节体表呈现明显的婚姻色（奥利亚罗非鱼全身为深紫色、背鳍边缘和尾鳍末端呈桃红色；尼罗罗非鱼体色呈棕红色，头、尾部尤为鲜艳；莫桑比克罗非鱼体表为蓝黑色，背、尾鳍呈鲜红色），具有挖窝行为。雌鱼罗非鱼生殖突上有生殖孔和泄尿孔，生殖孔呈圆形，位于肛门和泄尿孔中间。生殖季节，生殖孔突出，周围红晕明显，手捏腹部挤压可见肛门扩张的同时生殖孔也随之扩张。

放养亲鱼池塘应严格清塘，施以基肥，培养水质，池底淤泥 20 ～ 30 厘米厚。亲鱼入池后，定期（3 ～ 5 日）加注新水，排放老水，温差应小于 2℃，保持水质清爽，溶氧量 4 ～ 6 毫克 / 升。投喂全价配合颗粒饲料，蛋白质含量 35% 以上，辅以青饲料，保证亲鱼充足的饲料，每天投喂 3 ～ 4 次，日投饵量一般为鱼体重的 5% ～ 8%，但应根据水温、天气和鱼的摄食情况进行调整。

◆ 繁殖

罗非鱼 1 年能多次产卵，水温 24 ～ 30℃，产卵间隔时间为 13 ～ 21 天，罗非鱼相对怀卵量为 7 ～ 10 粒 / 克体重。繁殖季节，性成熟的雄性罗非鱼具有挖窝行为，并守在窝附近，当成熟雌鱼游经产卵窝附近时，雄鱼主动追逐，围绕其游动，雌雄鱼配对进窝，雌鱼产卵，并随即将卵子含于口腔内，下颌鼓突呈囊状，雄鱼同时排出成熟精液，精液随水流亦被雌鱼吸入口中，精、卵在雌鱼口中受精。鱼卵受精后，雌、雄亲鱼离窝。受精卵在雌鱼口腔内发育。

◆ **苗种孵化**

受精卵自然孵化。水温 25 ～ 30℃，4 ～ 5 天罗非鱼幼鱼出膜，刚出膜的幼鱼依然会留在雌鱼口中，直至卵黄囊完全消失且具有一定游泳能力时，鱼苗方离开雌鱼口腔集群活动、觅食，但仍在雌鱼的保护范围，继续养殖 5 天左右，鱼苗 0.8 ～ 1 厘米时可移出进行单独培育。

受精卵人工孵化。小心使含卵母鱼吐出口中的鱼卵，经过清水漂洗除去卵上杂物，然后用含 3% ～ 5% 的盐水消毒 5 分钟，移入人工孵化器。采用塑料孵化桶流水孵化，受精卵密度为 1 万～ 2 万粒 / 升水，放入受精卵 24 小时后，水流速度逐步减小，待 90% 以上受精卵出膜水流速再逐渐增大。流速以能使卵、小苗漂浮，但不损伤卵膜为准。孵化水温控制在 28 ～ 30℃，溶氧含量 4 ～ 6 毫克 / 升。仔鱼在孵化器中待到卵黄囊完全被吸收，移出进行苗种养殖。

鲫鱼繁殖

鲫鱼繁殖是指对性腺发育成熟的雌雄亲本注射催产激素，采集获得卵子和精子，通过自然或人工授精方式，在孵化设施中孵化出鲫鱼苗种的过程。由于三倍体银鲫比二倍体鲫具有明显的生长和抗逆优势，开展繁殖的鲫鱼品种一般是银鲫，且由于银鲫生殖方式特殊，通常采用雌核生殖方式进行苗种繁殖。鲫鱼的繁殖时间除取决于亲鱼自身的性腺发育成熟度外，还与水温、天气有着密切关系，一般在水温18℃左右开始自然繁殖。一般情况下，在长江中下游地区，通常水温达16℃以上时，即可进行人工催产，18～22℃为最适催产水温。鲫鱼繁殖包括亲鱼培育、催产、受精和孵化等4个过程。

◆ 亲鱼培育

在冬季起鱼分塘时挑选250克以上体格健壮、体形优良的鲫鱼作母本，进行亲鱼培育，选择大小适合的养殖池塘，每亩投放鲫鱼400～500尾，并需提前清除鲫鱼雄鱼和其他野杂雄鱼。父本需分开专池养殖，每亩投放1000克/尾左右的父本兴国红鲤500尾左右。在亲鱼培育阶段，根据温度情况控制投喂，尤其是开春之后的强化培育阶段，需提高投喂量，优化池塘水质，水透明度保持在40～60厘米，溶解氧4毫克/升以上，定期适当加注新水。

◆ 催产

鲫鱼开始繁殖之前一般通过抚摸腹部和观察生殖孔的颜色来判断鲫鱼的成熟情况，成熟亲本一般腹部柔软、膨大，卵巢轮廓清晰，生殖孔白色偏微红，而生殖孔很红的亲本已经自行流产，应该剔除掉不再进行人工繁殖。成熟的红鲤亲本一般在胸鳍、腹鳍和鳃盖有明显的"追星"，生殖孔略凹下，轻压腹部时，有乳白色稠状精液流出，表明雄鱼成熟度较好。

经检查，成熟度较好的鲫鱼亲本须注射催产剂，促其发情产卵。常用的催产剂有鲤鱼丙酮干燥的脑垂体(PG)、人绒毛膜促性腺激素(HCG)和促排卵素（LRH）等。鲫鱼亲本和兴国红鲤父本经注射适量催产剂后，暂养在产卵池中，在效应时间到达前 1～2 小时注意亲鱼是否发情，如发现有卵子，立刻检查亲鱼是否开始排卵，如亲鱼已排卵则会发现卵子从生殖孔中缓缓流出，此时应立即进行人工授精。亲本产卵量与其大小相关，一般情况下，500 克大小的亲本怀卵量为 5 万～7 万粒，随着亲鱼体重增大怀卵量也有增加，而且经产鱼的怀卵量比初产鱼大。

◆ **受精**

鲫鱼受精分为自然受精和人工授精两种。自然受精是催产亲鱼在产卵池中分别自行产卵和排精、并完成受精作用，受精卵黏附在人工鱼巢上，收集鱼巢进行孵化。人工授精是在亲鱼发情高潮将要产卵时，分别进行采卵和采精，精子和卵子集中在盛器内，加入少量生理盐水后经搅拌完成受精作用。由于卵和精子在淡水中存活的时间很短，因此人工授精过程应迅速完成。

◆ **孵化**

自然受精的受精卵黏附在人工鱼巢上，需要将鱼巢移入孵化池中微流水或净水充氧孵化，也可以把亲鱼捕出后将鱼巢留在原池中孵化。鲫鱼卵子是黏性卵，人工授精的受精卵在孵化前必须采用黄胶体泥和滑石粉悬浮液等脱黏。经脱黏的受精卵漂洗干净后放入孵化设施中进行流水孵化，根据受精卵数量决定孵化设施类型，常用孵化设施有孵化环道（80 万～120 万粒卵 / 米³）、孵化槽（150 万～200 万粒卵）和孵化桶（100 万～150 万粒卵）等。水温 22～28℃ 时，鲫鱼受精卵孵化 7 天左右即可孵化出鲫鱼水花苗种。

鲑鳟鱼繁殖

鲑鳟鱼繁殖是指在自然环境和人工可控环境条件下，性成熟的雌、雄鲑鳟鱼种群繁衍的过程。

◆ **繁殖特性**

鲑鳟鱼类属于短日照、低温期产卵的鱼类，其配子形成于夏季和秋季，产卵于秋、冬季，其成熟与光周期缩短和水温下降有关，临近产卵的亲鱼体色发黑，沿侧线的彩虹带鲜艳，食欲减退，并有相互追逐咬斗的现象。成熟雌鱼腹部膨大柔软，生殖孔红肿外突，当尾柄上提时，两侧卵巢下垂轮廓明显，轻压腹部有卵粒流出体外；成熟的雄鱼体色变黑，体表粗糙且黏液稍有减少，生殖孔周围较软，轻压腹部，即见精液流出。日照时间在 12 小时以下，产卵温度通常在 4 ～ 10℃，温度递减情况下性腺发育快；如光照超过 13 小时发育反而变慢。但有些鲑鳟鱼如哲罗鲑、细鳞鲑在接近产卵期时，日照增加，同时温度渐次提升反而加快了性腺发育。实验证明，持续长光照（明:暗 = 15:9），甚至连续照明，都不能诱导鲑鳟鱼性腺发育，但是在产卵后，如当年度的 2 ～ 6 月缩短光周期（将明:暗 = 16:8 改为明:暗 = 8:16），则能诱导性腺发育。因此，可以用光照调节其产卵季节。

◆ **亲鱼培育**

池塘条件。亲鱼池要求

成熟度检查

宽大、水流畅通、含氧量丰富。鱼池最好使用土池，形状以长方形为宜，长宽比为（8～10）：1，面积160～400平方米，水深0.8～0.9米，注水量每1000平方米，50升/秒。水质条件是溶氧量7毫克/升以上，pH为7～8。池底以沙石为好。

饲养管理。进入繁殖期前2个月要给亲本使用专用饲料，以便加强营养，通常按照鱼体重的1%计算出每日给饵量基数，其余时间为基数的70%。通常情况下雌、雄亲鱼要进行分养，雌雄培育比例为4：1，用于繁殖的亲本数量要根据计划生产的发眼卵和发眼率推算采卵量，再根据亲本产卵量（通常为1170～5870粒/千克）计算出所需雌性亲本总数。适宜水温是6～18℃，但繁殖期前2个月水温不超过13℃。放养密度3～5尾/米²。

◆ 人工繁殖

以虹鳟为例，亲鱼应符合SC/T 1030.1—1999的有关规定，其种质应符合SC 1036—2000的规定，同时体质健壮、生长快、无病、无伤、无畸形等。雌鱼3～4龄、体重3千克/尾以上，雄鱼2～3龄、体重1.5千克/尾以上。接近成熟期的亲鱼可根据副性征进行鉴别，多数在满3龄时的雌鱼能成熟产卵，满2龄的雄鱼都可采出精液，个别种类如哲罗鲑、细鳞鱼需要人工催产。

通常在采卵期，雌鱼不是同时成熟，为便于及时采卵，

虹鳟亲本（上为雌性，下为雄性）

防止卵子过熟，每 10 天需进行 1 次成熟度的检查，鉴别后及时采卵。同时按成熟度情况分养，通常每条雄鱼可以重复使用 3 次，使用前检测其精子活力。受精方式有干法受精、半干法受精及湿法受精。

采卵

◆ 孵化

受精卵吸水膨胀，经过计数后放入孵化器孵化。孵化温度应控制在 7 ～ 13℃，孵化期间必须保证流水的通畅，孵化用水的溶氧量应该在 6.5 毫克 / 升以上，溶氧量少或含有氮气的地下水应该在曝气后使用。卵对光线照射的抵抗力很弱，明亮光线照射数小时就会致死，因此应采取相应的避光措施。在孵化的整个过程中应保持安静，防止一切噪声的干扰及搬动时的振动。

广泛采用桶式孵化器、立式孵化器和平列槽相结合的方法。桶的大小不一，可容纳 5 万粒到 20 万粒不等。孵化用水自下而上流经全部鱼卵后从上部溢出，通常盛装 5 ～ 6 升卵的孵化桶，每桶注水量 3 ～ 5 升 / 分钟。每天用 250 毫克 / 升甲醛溶液流水消毒 1 小时，预防水霉菌的滋生。在眼点明显时，移入平列槽孵化，同时可以清除死卵或进行鱼卵的长途运输。

桶式孵化器

在水温为 7 ～ 13℃、溶氧量 7.5 毫克 / 升的情况下，受精卵经过 25 ～ 30 天的孵化，开始出现破膜稚鱼时，应加强检查，及时清除卵皮和死苗，注意饲育环境的清洁卫生，经常刷洗槽孔，保持水流畅通。刚孵化出来的稚鱼体质嫩弱，体色很淡，具有卵黄囊，侧卧于槽底，体长 15 ～ 18 毫米，靠吸收卵黄囊的营养继续发育，极其纤弱，遇堆积过多或流水不畅，易因缺氧而窒息死亡。这时应把刚孵出的仔鱼摆放在流水畅通的特制设备里，若放在平列槽内，每个小槽放入 1 万尾为宜，但要避免光线直射。其发育完全依靠卵黄囊的营养，注水量应该适当增大，每 10 万尾保持在 20 升 / 分钟以上。除调整好水流量外，还需要经常检查，及时清除死苗，保持饲养环境的清洁。在卵黄囊稚鱼期，尽量避免使用药物预防疾病，因为这期间其体质比较纤弱。

淡水甲壳类繁殖

淡水甲壳动物繁殖是指淡水甲壳动物从亲本性腺发育到受精卵孵出幼体的过程。淡水甲壳类繁殖各有特点。青虾、克氏原螯虾繁殖全程都在淡水中；中华绒螯蟹繁殖全过程都在海水中；罗氏沼虾则交配产卵在淡水中，幼体发育在海水中。人工繁殖过程都包括亲本培育、繁殖、孵化等。

◆ 亲本培育

淡水甲壳类的亲本培育场所依品种而有差异，如青虾、克氏原螯虾和中华绒螯蟹一般在室外淡水池塘中进行，而罗氏沼虾在长江流域及以北地区只能在温室内的水泥池中进行。放养密度依品种和培育池条件而定。要求投喂蛋白质含量较高的优质全价配合饲料，或小鱼虾、螺蛳肉、蚌肉等。

◆ 繁殖

选择体质健壮、附肢完整、全身无病灶，并且在上一阶段养殖过程中无发病史的淡水甲壳动物个体作为亲本；个体大小要求因品种和雌雄而有所不同。淡水甲壳类在繁殖期都有明显的雌雄交配行为。青虾、克氏原螯虾和罗氏沼虾可在淡水中交配；中华绒螯蟹需要在海水中交配。交配所需水温因品种而有所不同，如中华绒螯蟹交配所需水温较低，为 9 ~ 12℃，青虾为 16℃ 以上，而罗氏沼虾为 25 ~ 30℃。青虾和罗氏沼虾一只雄性个体先后可与多个雌性交配。淡水甲壳类完成交配后需相隔一段时间才产卵，短则 1 ~ 2 小时，长则半月甚至更长，受精卵都黏附在雌性腹肢的刚毛上孵化。

◆ 孵化

淡水甲壳类动物的卵的孵化时间都较鱼类要长。孵化过程中，卵的颜色会发生变化，可据此判别不同的发育时期。根据卵的颜色，将抱卵亲本进行分拣，分拣后放入不同的孵化池或育苗池中孵化。不同品种对孵化水温要求不同，如克氏原螯虾、中华绒螯蟹要求的水温较低，而罗氏沼虾要求的孵化水温较高。抱卵亲本孵化期间需要投喂，主要以动物性饵料为主，包括螺蛳肉、蚌肉、沙蚕等。孵化期间保持良好水质，水体溶解氧含量保持在 5 毫克 / 升以上。孵化过程要密切关注卵的颜色变化，到后期接近孵出前要提前肥水培育饵料生物或准备幼体开口饵料。

了解熟悉淡水甲壳类繁殖习性是进行规模化苗种生产的重要基础。

青虾繁殖

青虾繁殖是指在自然环境和人工可控环境条件下,将青虾亲本培育、交配、产卵至孵出幼体的过程。青虾的繁殖全过程均可在纯淡水中进行,也可在低盐度的水体中完成。在温度适宜的情况下,抱卵亲本在孵化过程中性腺同时发育,刚完成孵化,紧接着就脱壳交配并产卵,一个季节可多次交配和产卵。包括亲本培育、繁殖、苗种孵化等过程。

◆ 亲本培育

青虾亲本培育专用池与成虾养殖池基本相同,要求种植水草,面积占池塘面积的20% ～ 50%,以轮叶黑藻或伊乐藻为好,或放置茶树枝等扎成的人工虾巢,每亩10 ～ 15 个。要求肥水,可以用腐熟的有机肥肥水,每亩用量100 ～ 150 千克,培育过程中透明度控制在30 ～ 40 厘米。亲本专池培育放养量25 ～ 35 千克/亩。亲本强化培育要求投喂蛋白质含量38% 以上的优质全价配合饲料,也可以投喂螺蛳肉、蚌肉等;投饲量为虾体重的6% ～ 8%;投喂方法是:上午投喂日量的1/3、下午投喂日量的2/3。培育过程中需经常检查亲本性腺发育情况。

◆ 繁殖

亲本选择。从没有发生病害的池塘中选择体质健壮、附肢完整、全身无病灶,并且活力强的成熟亲本。要求雌虾个体体长达5 厘米以上,雄虾个体体长达6 厘米以上。

交配。水温 16℃ 以上，经过强化培育后的青虾亲本可以在池塘中自行交配，交配以 1 对 1 的方式进行，1 个雄性个体先后可与多个雌性交配。

产卵。交配后的青虾一般在 48 小时内抱卵，受精卵都黏附在雌性腹肢的刚毛上孵化。

◆ 苗种孵化

孵化指从受精卵产出至孵出溞状幼体的过程。刚产出的青虾卵多数为绿色、少数为黄色，不透明。在孵化过程中，卵的颜色不断变化，逐渐变淡变透明，变成淡黄色，再变成灰色，快孵出时还能看到 2 个大而黑的眼点。可根据卵在孵化过程中的颜色变化来判别不同的胚胎发育时期。青虾的孵化时间与水温有关，在水温 19.5 ～ 24.5℃ 的情况下，整个胚胎发育需历时 22 ～ 23 天；在水温 25 ～ 28℃ 的情况下，需 14 ～ 15 天就能孵出溞状幼体。孵化水质条件为水温 18℃ 以上，最适温度为 23 ～ 28℃；溶解氧为 5 毫克 / 升以上；透明度为 20 ～ 30 厘米，可以用生物有机肥和光合细菌进行肥水。孵化过程中需要密切关注卵的颜色变化，到后期接近孵出前要提前肥水，培育天然饵料生物。

罗氏沼虾繁殖

罗氏沼虾繁殖是指在自然环境和人工可控环境条件下，将罗氏沼虾配子体外受精，孵化后育成虾苗的过程。生产上，罗氏沼虾主要靠人工繁殖，包括亲虾选培、繁育设施配备、亲虾越冬、育苗生产等过程。

◆ 亲虾选培

从遗传背景清楚、质量可靠、生物安全的供种基地引进虾苗，培育成亲虾，或直接引进亲虾。虾苗和亲虾引进前需作罗氏沼虾特定病原检测，检测结果为阴性才可使用。选择有隔离措施并经严格消毒的水泥池或土池大棚暂养亲虾，放养密度为2000～5000尾/米^2，控温24～28℃。饵料采用具有较高营养价值的蛋羹、虾片、罗氏沼虾饲料等。当外塘水温在22℃以上时，放入具有隔离措施的池塘养殖，在放养前须经严格消毒。养殖全过程使用罗氏沼虾专用配合饲料。从虾苗培育成亲虾的养殖时间一般需120天以上。

◆ 繁育设施配备

育苗场应配备进排水、增氧、供电（发电）、供热等系统，还应建有育苗温室、饵料培养室、实验室、管理房。育苗车间按一定比例建育苗池和配水池，配水池水体约占育苗池水体的30%。育苗池面积以密度10～20米^2/只为宜，池深以1.0米为宜；配水池容积以密度50～100米^3/只、深度2米为宜。

◆ 亲虾越冬

挑选体格健壮、附肢完整、体表光洁无附着物，体色淡蓝或玉色，全身无病灶的亲虾。雄虾要求第2步足为橘黄色，第2步足长与体长的比值在1.1以上，

罗氏沼虾种虾越冬培育

规格 30～50 尾 / 千克。雌虾要求腹部张开具抱卵腔,规格 40～60 尾 / 千克。雌雄虾性比为(2～3):1。按雄虾 30～50 尾 / 米², 雌虾 40～60 尾 / 米²的密度放养。水温控制在 21～23℃。饲料投喂以专用配合饲料为主,动物性饵料为辅。日投饲量为虾体重的 2%～3%。育苗开始前 1 个月,将越冬池内亲虾按雌雄 3:1 进行配对。水温逐渐升至 25～28℃,并增加动物性饵料的投喂,日投饲量为虾体重的 4%～5%。促使亲虾性腺快速成熟,并在池中进行交配产卵。

◆ **育苗生产**

抱卵虾挑选与培育。交配虾池水温在 28℃ 的条件下,每隔 10～15 天挑选一次抱卵虾。根据卵的颜色(灰、棕、黄)将抱卵虾分成 3 个等级,分池饲养。放抱卵虾密度 40～50 尾 / 米²。卵呈灰褐色的抱卵虾可直接放

罗氏沼虾抱卵虾

入人工半咸水(盐度 5～6)中集中排幼。卵成棕色、黄色的抱卵虾可放于淡水池中强化培育,经过 5～10 天的培育,卵的颜色逐渐转为灰色时,可逐渐向池中加入人工海水调配成半咸水(盐度 5～6)。溞状幼体孵出后,用 60 目的纱绢网将抱卵虾池中的溞状幼体捕到苗池培育。

人工配制海水。采用工业盐按天然海水主要元素的成分配制而成。其组成中,除氯化钠外,镁、钙、钾等 3 种离子的配比为 3:1:1,盐度在 10～14、比重在 1.005～1.007。

育苗管理。苗池布幼密度在 10 万～ 20 万尾 / 米^2，水温控制在 28 ～ 31℃。在布苗的第 2 天，投喂孵化 18 小时的卤虫无节幼体进行开食，投喂密度约 10 个 / 毫升。当溞状幼体发育到第 5 期后，可少量投喂人工制作的蛋羹，至第 8 期后以投喂蛋羹为主、卤虫无节幼体为辅。水质调控措施可分为物理净化和生物净化。物理净化包括排污、换水、移池等措施。生物净化则可使用有益微生物制剂如光合细菌、芽孢杆菌等来调控水质。有益微生物的使用剂量为 5 ～ 20 毫克 / 升。

虾苗淡化。经过 20 ～ 22 天的培育，当 90% 以上的溞状幼体变成虾苗时开始淡化。淡化可分 2 ～ 3 天进行，直至盐度降至 3 以下。同时将苗池水温调到与养殖池水温（25 ～ 27℃）接近后，虾苗便可出池销售。

中华绒螯蟹繁殖

中华绒螯蟹繁殖是指在自然环境和人为控制环境条件下，促使中华绒螯蟹产卵、孵化而获得蟹苗的种群繁衍过程。中国中华绒螯蟹人工繁殖技术自 20 世纪 70 年代突破后发展很快，截至 2021 年已经基本成熟。繁殖规模已可完全满足中国中华绒螯蟹养殖需求。主要集中在江苏、浙江、山东、辽宁、上海、天津等沿海地区，其中江苏沿海育苗约占全国总量的 90%。主要以土池生态繁殖为主。繁殖过程主要包括亲本培育、交配与产卵、苗种孵化（抱卵蟹饲养、抱卵蟹提温催产以及抱卵蟹的降温保存）。

◆ 亲本培育

选用的亲蟹应个体规格整齐、体质健壮、附肢齐全，性腺发育良好，无病无损，雌性个体 125 克以上，雄性个体 175 克以上，雌雄比例 3：1。亲蟹的选择时间在长江中下游应以 10 月下旬为宜。选择好的亲蟹雌雄分开包装，快速运往育苗场，按雌雄分别放入专池中进行暂养，暂养池亲蟹放养密度可按每亩 100 千克为宜。暂养期间要加强投饵，为增强亲蟹的体质，应以投喂新鲜活动物性饵料为主，辅投一些植物性饵料。

◆ **交配与产卵**

中华绒螯蟹交配促产的适宜水温为 10～12℃。在水温达 12℃ 左右时，选择晴好天气，选择性腺发育良好的暂养亲蟹，按雌雄 3：1 的比例放入海水池中（盐度为 22～23）进行交配。2 周后，干塘视雌蟹抱卵情况及时捕出雄蟹，重新注入盐度相同的海水，进行抱卵蟹饲养，每只雌蟹抱卵量在 30 万粒以上。

◆ **苗种孵化**

抱卵蟹饲养。受精卵胚胎发育需 1～2 个月时间。抱卵蟹放养密度以每亩 500～600 只为宜。经常观察胚胎发育是否正常，根据育苗生产安排，适时挑选胚胎发育良好的抱卵蟹提前进行催产或采取降温措施保存抱卵蟹，延缓发育，以便延长育苗期。

抱卵蟹催产。为满足中华绒螯蟹养殖生产对早春蟹苗和夏初蟹苗的不同需求，育苗生产上有计划地分批孵幼培育。常采用的办法是以调控温度来达到这一目的。通过对抱卵蟹加以连续送气、充分供饵和经常换水的管理，逐渐对水体加温至 15～20℃，受精卵的胚胎发育在 20 天左右可孵化出膜。

抱卵蟹降温保存。为有效延缓抱卵蟹受精卵的胚胎发育，可以将抱卵蟹处在低温条件下饲养，孵幼出膜可历时数月之久。这就能使分批孵幼、分批育苗成为可能。生产中降温保存抱卵蟹常用方法有两种：①采用冷库的地下水泥池室内越冬。②采用大棚土池置室外越冬。

挂笼布苗。当受精卵颜色发白时即可挂笼，将抱卵蟹放入蟹笼内，挂于育苗池的上风口。挂笼密度为 35～40 只 / 亩，挂笼后约 1 天可以产卵，3 天后基本可以将蟹笼提出。

淡水贝类繁殖

淡水贝类繁殖是指在人工条件下培育贝类苗种或者收集天然环境中贝类苗种的过程。贝类主要包括蚌类、蚬类及螺类。由于三者的繁殖习性不同，其人工繁殖方法也完全不同。

◆ 蚌类繁殖

通过培育亲蚌获得成熟钩介幼虫，再将其寄生在特定寄主鱼或采用体外培养方法完成变态发育从而获得稚蚌的过程。大部分蚌类具有特殊的繁殖方式，其受精卵在雌蚌鳃丝上发育成钩介幼虫，成熟后被母体排出体外，幼虫需要短暂寄生在适宜的寄主（多数是鱼类）上才能变态发育成稚蚌，从而完成繁殖。蚌类人工繁殖主要包括亲蚌培育、人工采苗、寄主鱼暂养及脱苗等过程。选择贝壳完整、体质健康的亲蚌，按一定雌雄比例吊养在池塘中，保持水质清新和微流水，促进雌蚌受精。在繁殖季节（分春季和秋季繁育两种类型），定期检查雌蚌鳃丝上钩介幼虫的发育情况，发现钩介幼虫成熟，将雌蚌选出并清洗，经阴干、流水或冲洗等技术手段的刺激后，雌蚌可将幼虫排入水中，并寄生于寄主鱼的鳃丝或体表生长，待鱼体寄生的幼虫达到适宜数量时，再将寄主鱼移入蚌苗培育池暂养和脱苗，待钩介幼虫变态发育成稚蚌并从鱼体上脱落后，将寄主鱼移出蚌苗培育池，此后即可开始蚌苗的培育。除此之外，也可通过体外培养的方式实现钩介幼虫的非寄生变态发育。另外，也有少数蚌类的钩介幼虫是在母蚌鳃丝上直接变态发育为稚蚌后才被母蚌排出体外，无须寄生。

◆ 蚬类繁殖

蚬类在不同水体环境中，繁殖方式不同，主要分为孵育型与非孵育型两种类型。蚬类繁殖主要采用湖泊放养亲蚬，通过自然繁殖进行增殖。

◆ 螺类繁殖

将雌雄亲螺按一定比例配对自然交配后通过产卵孵化或母体直接孵育成仔螺的过程。螺类为卵胎生或卵生。对于卵胎生的螺类，如中华圆田螺，可按一定雌雄性比进行人工养殖，在养殖过程中让其自然交配、受精与发育，母体可直接排出仔螺。而卵生的螺类，如大瓶螺，其受精卵产出后包裹有透明的胶质卵袋，人工繁殖时需提供附着物供其受精卵黏附，收集包含有受精卵的胶质卵袋进行集中孵化即可获得仔螺。通常，只要水温合适，螺类可常年进行繁殖。

池蝶蚌繁殖

池蝶蚌繁殖是指通过培养亲蚌获得成熟钩介幼虫，人工采集幼虫并选用适宜的寄主鱼寄生或在体外培养液中完成变态发育获得稚蚌的过程。池蝶蚌与中国的三角帆蚌同属不同种，其繁殖方法相似，主要包括亲蚌培育、人工采苗、寄主鱼暂养及脱苗等。

◆ 亲蚌培育

亲蚌选择。选择体质健壮，形状标准，生长线明显，双壳高鼓、膨突，外套膜厚实，外鳃完整，年龄适中的亲蚌；根据外观和鳃丝的特征辨别雌雄，雌雄搭配比例为 1 : 2。

亲蚌培育。从秋季开始吊养，吊养方式为长网袋吊养。水质透明度30 厘米左右，适时施肥和注换新水，以促进雌蚌受精及胚胎发育。

◆ 人工采苗

寄主鱼准备。一般选用 50 ～ 150 克规格的黄颡鱼作为寄主鱼，要求体表无伤、体质健壮；在寄生前 2 ～ 3 周开始在网箱中暂养，投喂新鲜动物性饵料，增强鱼体体质，提高寄生后的成活率。

钩介幼虫成熟度检查。用细针轻轻刺入雌蚌外鳃（育儿囊）后端再拉出，当钩介幼虫能互相黏连成一条长线，表明幼虫已成熟；也可采用显微镜观察，发现幼虫已破膜且双壳可做开合运动，即可用于人工采苗。

幼虫采集及寄生。将成熟雌蚌阴凉干燥处理 2 ～ 4 小时；往雌蚌盆中加入适量新鲜水，1 ～ 2 小时后幼虫即被排出；用 40 目的筛绢清洗幼虫 2 ～ 3 次，去除污物及黏液；及时移入寄主鱼进行寄生，视鱼体大小、健康状况等控制寄生幼虫的数量，一般每片鳃丝寄生 100 ～ 200 只幼虫为宜。

◆ 寄生鱼暂养

可采用 80 目筛绢制作的网箱暂养黄颡鱼，放养密度 15 ～ 20 千克/

米³，在网箱中放一些水草和底泥，可显著提高寄主鱼的成活率；也可采用小土池暂养寄主鱼，一般面积 50 ～ 100 平方米，要求水质清新，池塘内保持微流水，池底部设排水口，方便放水捕捞寄主鱼。暂养期间一般不投喂。

◆ **脱苗**

繁育车间建设。繁育车间与蔬菜温棚结构类似，外观棚式，棚顶弧形，表面覆盖遮阳膜或帆布，棚两侧 80 厘米高度可用透明塑料膜，其面积依据繁育规模而定，一般每平方米可繁育 2 万～ 3 万蚌苗。繁育车间内设置联排的脱苗池（蚌苗培育池），规格、配置等与三角帆蚌脱苗池相似。

脱苗时间。钩介幼虫寄生后可吸取鱼体营养完成变态发育，脱苗的时间主要受到水温的影响。当水温 28 ～ 29.7℃，9 天完成脱苗；而 37℃ 时，7 天完成脱苗。

脱苗的方法与日常管理。在脱苗前 1 ～ 2 天将寄生鱼移入繁育车间内脱苗池的网箱中等待脱苗，网箱规格：长 50 厘米 × 宽 50 厘米 × 高 10 厘米，网衣网目 1 ～ 2 厘米；寄生鱼放养密度 1.5 ～ 2.5 千克 / 米²，在网箱上覆盖黑色遮阳膜，可减少寄主鱼的运动及死亡；水流均匀地喷射在网箱上，可保持充足的溶氧；每日检查鳃丝上幼虫脱落的情况，及时捞出死鱼和脱落完全的寄生鱼。

三角帆蚌繁殖

三角帆蚌繁殖是指在自然环境和人工可控环境条件下，将三角帆蚌成熟的钩介幼虫人工采集后寄生在适宜的寄主鱼体或在体外培养液中完成变态发育获得稚蚌的过程。三角帆蚌繁殖主要包括亲蚌培育、人工采苗、寄主鱼暂养、脱苗等。

◆ 亲蚌培育

亲蚌选择。三角帆蚌一般 2 冬龄达性成熟。挑选贝壳完整无损、体质健壮、喷水有力的个体作为亲蚌，5～6 龄为佳。鉴别雌雄（外鳃丝的鳃间隔密集者为雌蚌，稀疏者为雄性）后在雌蚌贝壳标记，便于检查幼虫成熟情况，一般雌雄性比为（1～3）∶1。

亲蚌吊养

亲蚌培育与管理。从秋季开始，采用网条或网袋将亲蚌吊养在池塘中培育，池塘面积 2～3 亩，水深 1.2～1.5 米，亲蚌吊养密度 500～600 只／亩，雌雄蚌间隔吊养；池塘内可放养适量的草鱼、鲫和鳙，定期施用发酵的有机肥、泼洒豆浆和投喂饲料培育亲蚌的天然饵料，透明度 15～20 厘米，促进亲蚌性腺快速发育；从翌年 3 月份，定期加注新水，使池内保持微流水，以确保水质清新，池水透明度保持在 20～30 厘米，同时应清除网条或网袋上的附着物，使袋内外的水流保持畅通，以提高雌蚌的受精率和确保胚胎的正常发育。

◆ 人工采苗

寄主鱼准备。一般选用 50～150 克规格的黄颡鱼作为寄主鱼，要求体表无伤、体质健壮；在寄生前 2～3 周，将寄主鱼暂养在网箱中，

投喂新鲜动物性饵料，以增强寄
主鱼的体质和提高鱼体寄生后的
成活率。

钩介幼虫成熟度检查。用细
针轻轻刺入雌蚌外鳃（育儿囊）
后端再拉出，当钩介幼虫能互相

寄主鱼（黄颡鱼）

黏连成一条长线，表明幼虫已成熟，若用显微镜观察也可以发现幼虫已
破膜且双壳可做开合运动，此时便可人工采苗。

幼虫采集及寄生。清洗雌蚌表面及内部的污物后在阴凉处干燥处
理 2～6 小时后置于平底盆中，同时注入适量曝气自来水，使水面溢
过雌蚌的喷水口，1～2 小时后幼虫即被排出；用 40 目的筛绢过滤清
洗幼虫 2～3 次，除去污物及黏液后，再移入寄主鱼供幼虫寄生，并视
鱼体大小和健康状况，适当控制幼虫的寄生数量，一般以每片鳃丝寄生
100～200 只幼虫为宜。

寄主鱼暂养。钩介幼虫寄生后，对寄主鱼体的呼吸、营养与免疫均
产生不同程度的影响。在暂养阶段，寄主鱼一般不吃食。可采用 80 目
筛绢制作的网箱暂养黄颡鱼，放养密度 15～20 千克 / 米^3，在网箱中
放一些水草和底泥可显著提高黄颡鱼的成活率；也可采用 50～100 平
方米的小土池暂养寄主鱼。暂养池内保持微流水，以确保水质清新。底
部设排水口，以便于放水时捕捉寄主鱼。

◆ **脱苗**

育苗棚。育苗棚类似于蔬菜温棚，棚上部覆盖遮阳膜，棚两侧 80

厘米高度可用透明塑料膜，利于育苗期间保温、避雨及避光；棚内铺设联排的脱苗池，即蚌苗培育池，一般为长方形或正方形，面积为 1 ～ 2.5 平方米，池高 20 厘米，池底铺设 1 层塑料薄膜；在池的一侧利用塑料管上的小孔向池内喷

三角帆蚌育苗棚

射水流，另一侧设有溢水口，可使池中的水位保持在 10 ～ 15 厘米，采用喷水和溢流的方式可在池内形成微流。

脱苗时间。钩介幼虫寄生后可吸取鱼体营养完成变态发育，幼虫变态为稚蚌后会从鱼体上脱落，且脱苗的时间随水温的升高而缩短，当水温 18 ～ 19℃，14 ～ 16 天脱苗；23 ～ 24℃ 时，10 ～ 12 天脱苗；而 30 ～ 35℃，5 ～ 6 天即可脱苗。

脱苗的方法与日常管理。在脱苗前的 1 ～ 2 天将寄主鱼移入育苗棚内（脱苗池）的网箱中等待脱苗，网箱规格：50 厘米 ×50 厘米 ×10 厘米，网衣的网目为 1 ～ 2 厘米；寄主鱼放养密度 1.5 ～ 2.5 千克 / 米^2，网箱上覆盖黑色薄膜遮光可降低寄主鱼的应激反应及死亡率。脱苗时应保持微流水和充足的溶氧，并定期检查鳃丝上钩介幼虫的脱落情况，及时清除死鱼和及时移出钩介幼虫已完全脱落的寄主鱼。

两栖类繁殖

两栖类繁殖是指两栖类动物为延续种族在自然环境下或人工调控

环境下所进行的产生后代的生理过程。中国养殖利用的两栖类物种主要有：林蛙、黑斑蛙、牛蛙、棘胸蛙、棘腹蛙、大鲵等。两栖动物因种类不同，其生存的环境、生态类型及繁殖特征也不尽相同。两栖动物的繁殖期从 4 月～ 10 月不等。根据栖息地类型可分为以下 3 类。

◆ 水栖类型

繁殖期内多在静水中产卵，将卵产在溪流内石块底下或者石穴中。卵群成团状或圆环形，卵粒分为动物极和植物极，且多数物种为乳黄色或乳白色，孵化后幼体在溪流内生活。

◆ 陆栖类型

成体一般在陆地生活，于繁殖季节进入水域（静水或溪流）将卵产在池塘、稻田、湖或水坑内。动物极为棕黑色，植物极灰白色或乳白色，孵化后幼体在溪流内生活。

◆ 树栖类型

成体经常生活在树上，有的也栖息于低矮的灌木或草丛（农作物）中。产卵时将卵产在附近静水水域、水边泥窝或水塘上空的树叶上，但幼体都会在水体内生活。

对于人工养殖的两栖类，一般根据养殖对象的生物学习性，构建适宜的养殖场所及辅助设施。如水池，人工沟渠，洞穴，防逃、防敌害栏栅，树木或植被等，以满足养殖对象的生态需求。将成年的养殖两栖动物按一定数量和性比投放于养殖场所内，让其自然求偶、交配，在自然状态下完成产卵、受精及孵化过程，也可将受精卵移至专门的孵化池中进行人工管理的孵化。待幼体孵出后，将其捞出，作为养殖的种源。

大鲵繁殖

大鲵繁殖是以生产大鲵苗种为目的的生产活动。大鲵繁殖季节多在每年 6～9 月，其中 7～8 月为繁殖盛期。大鲵一年一次性产卵，个体产卵量多在 500～1200 粒。当前大鲵繁殖方式主要包括仿生态繁殖和全人工繁殖两种形式。

◆ 仿生态繁殖

繁殖池构建。仿生态繁殖适宜于海拔 600～1500 米的山区，选址靠近水质清澈的山涧溪流，具有适宜大鲵生存繁衍的气候环境。模拟天然环境构建人工沟渠，沟渠底部铺设沙石。水深 25～40 厘米。沟渠两侧搭建若干个高 50 厘米左右，长、宽各 1 米左右的洞穴，洞穴内封闭式，洞口宽约 30 厘米，洞口与沟渠相通，可供大鲵自由出入。洞穴上面覆盖泥土并留有观察孔。在岸边种植植物，夏天也可以搭建遮阳网避光降温。沟渠一端引入天然河水，下端设置溢水口，使水流自然排出。繁殖区四周设置围栏，以防大鲵逃逸。

亲本选择。选择 5 龄以上性成熟健康大鲵亲本，按雌雄 1∶1 的比例配对放于养殖沟渠内，让其自由选择洞穴栖息。投放亲本尾数要少于洞穴数量，防止大鲵因争抢栖息地而相互咬伤。期间进行日常投喂与管理。

受精。发育成熟的雌雄大鲵会自行配对，雄性会吸引雌性在洞穴产卵。待雌性产卵的同时雄性释放精液，精子和卵子在水中结合完成自然受精。大鲵雄性有护卵孵化的习性，产后雌性离开洞穴。

孵化。可让受精卵在人工洞穴内自行孵化，也可以将卵捞出置于室内人工孵化池孵化。但期间必须保持孵化水温度在 18 ～ 22℃。

◆ 全人工繁殖

人工繁殖亲本宜养殖在可控温的养殖车间内。亲本可分池单养，即每个池养殖一尾亲本，每个养殖池 1 ～ 2 平方米，池高 80 厘米。也可将亲本同池混养，养殖池 4 ～ 8 平方米，池高 80 厘米，养殖密度 1 ～ 2 尾 / 米^2。养殖池设置单进单排的水管，微流水或静水养殖均可。选择 5 龄以上性成熟健康大鲵作为亲本，将其置于养殖池内进行日常投喂管理。在繁殖季节，控制大鲵亲本养殖水温在 18 ～ 22℃，选择发育成熟的大鲵注射促黄体释放激素类似物（LRH-A）和绒毛膜促性腺激素（HCG），在效应期内密切观察雌雄大鲵反应，及时分别采精和取卵，然后体外人工授精，待受精结束将受精卵移入孵化池中孵化。室内孵化池面积一般为 1 ～ 4 平方米，水深 10 ～ 20 厘米，将受精卵置于孵化池内静水或微流水孵化。保持水温在 18 ～ 22℃，水质良好，溶解氧丰富。每天换水 1 次，换水量为整池水量的 1/2，管理中需及时清除未受精或者发霉的卵。

牛蛙繁殖

牛蛙繁殖是指在自然环境和人工养殖的条件下，将牛蛙受精卵孵化并培育成苗种的过程。繁殖过程主要包括亲蛙选择及培育、催产、产卵和孵化等。

◆ 亲蛙选择及培育

雌性或雄性牛蛙在性腺发育上同步性较差，所以雄蛙应选择 2 龄以上的个体,雌蛙应选择 3 龄以上腹部膨大的个体,雌雄蛙的体重应达 400 克以上。3 月中旬开始将雌雄亲蛙合并于一池饲养,同时用优质饵料进行强化培育,以促进其性腺发育。

◆ 催产

牛蛙的产卵可分为人工催产和自然产卵。自然产卵时每 5 平方米水面放养 1 对牛蛙,雌雄比为 1∶1,在产卵池中牛蛙经自然抱对后便可产卵。人工催产:当水温适宜时,分别在雌雄蛙腹部肌肉或皮下注射绒毛膜促性腺激素(HCG)和黄体生成素释放激素类似物(LRH-A)混合物,然后按 1∶1 的雌雄配比放入产卵池,约 40 小时即可抱对产卵。

◆ 产卵

牛蛙每年产卵 1 次,产卵期多在 5 ～ 9 月,其中 6 ～ 7 月为产卵盛期。牛蛙产卵的水温多在 20℃ 以上,产卵的最适水温为 24 ～ 28℃。体重 300 ～ 500 克的蛙,产卵量为 1 万～ 5 万粒。因腹部自身的收缩和雄蛙压迫,雌蛙会将体内成熟的卵子经泄殖孔不断地排出体外,此时雄蛙后腹部紧贴雌蛙背部射精,精子和卵子在水中完成受精过程。牛蛙卵为球形,卵外包裹卵胶膜。产出的卵粒应及时捞出并置于孵化池中孵化。牛蛙卵外层胶膜黏性大,捞取卵粒时应带水同时舀起,以避免粘连。

◆ 孵化

常用的牛蛙孵化设施有水泥池、网箱、水缸等。孵化池大小 5 ～ 15 平方米,水深 20 ～ 35 厘米,孵化用水应有较高的溶氧量,偏酸性,水温应稳定在 25 ～ 28℃ 为宜。用孵化池进行静水孵化时,每平方米可放蛙卵6000粒。孵化期间应勤观察胚胎的发育情况，发现死卵要及时清除，以免影响胚胎发育并败坏水质。

爬行类繁殖

爬行类繁殖是指乌龟、鳄龟、中华鳖等龟鳖目动物在自然环境或者人工调控环境下从受精产卵到孵出幼体的过程。爬行动物种类很多，大多为卵生，体内受精，陆地产卵，卵表面有坚韧的卵壳。繁殖过程包括亲本选择与培育、交配产卵和人工孵化等。

◆ 亲本选择与培育

雌雄鉴别方法：雄龟个体小，尾巴比较细长，基部较粗，自然伸直时泄殖腔离腹甲底部较远，弯曲时泄殖孔内侧有长条状突起；雌龟个体大，泄殖腔和腹甲底部间的距离比较近，尾部弯曲时泄殖孔内侧平整。雄鳖尾较细长，能自然伸出裙边外，泄殖孔无红肿现象；雌鳖尾短粗，不露出或稍露出裙边，产卵期泄殖孔有红肿现象。雄性有交配器。

亲龟或亲鳖的要求：体质健壮、健康无病、四肢反应灵敏。雌乌龟300克以上，雄乌龟125克以上，5～7龄为佳；鳄龟2龄以上，雌龟体重3千克以上，雄龟2.5千克以上，以5～7千克为佳；亲鳖在2冬龄以上，雌鳖体重在1千克以上，雄鳖0.75千克以上，以4～6龄为佳。

亲龟或亲鳖的培育。放养密度依品种和培育池条件而定，投喂含蛋白质丰富的动物性饲料为主，适当辅以少量植物性饲料。

◆ 交配产卵

交配时间。一般在春季气温回升到 20℃ 以上时，性成熟的亲本开始发情交配。因爬行动物有喜阴喜静的特性，其交配时间多在傍晚或黎明前后。

雌雄比。龟（2～3）∶1；鳄龟 2∶1；鳖（5～8）∶1。

养殖密度：每平方米重量 2 千克左右，龟 6～7 只 / 米²，鳄龟 0.2～0.4 只 / 米²，鳖 0.5～2 只 / 米²。

产卵。一般每年 5～8 月为产卵季节，华南地区提早 1 个月左右。交配后 20 天左右，水温达 25℃ 时，雌性龟鳖开始陆续爬上陆地的沙坡上产卵。产卵前用后肢挖掘 8～20 厘米深的沙坑，然后将卵入沙坑，因此一般在种龟或种鳖池的池坡上铺设细沙构建人工产卵场。亲龟或亲鳖每年的产卵次数、产卵数量和质量由品种、年龄、体质和营养状况及气候条件等因素决定，通常产卵的数量随着龟鳖年龄的增加而增加。

◆ 人工孵化

孵化介质。一般多为经清洗后的细沙或蛭石。沙的粒径应粗细适中，以 0.5～0.7 毫米为宜，沙的湿度以手握成团、落地散开为宜，含水率约为 10%。三线闭壳龟、鹰龟孵化以中沙拌黄土为宜，比例为 6∶4。

孵化温度。28～35℃，以 30℃ 左右为佳。

孵化湿度。沙的湿度保持 7%～8% 为宜，空气相对湿度为 70%～85%。三线闭壳龟、鹰龟在孵化过程中应使用喷雾器洒水，每天 1～2 次。

第4章
淡水养殖模式

淡水养殖模式是指饲养和培育水产淡水经济动植物所采取方式的统称。养殖模式是水产养殖技术的组成部分。淡水养殖模式主要包括池塘养殖、湖泊增养殖、水库增养殖、河道增养殖、稻田养鱼、网箱养鱼、流水养鱼、网围养鱼、综合养鱼及工厂化养鱼等模式。其中池塘养殖是中国的主要渔业方式。

选择养殖模式的原则是因地制宜综合考虑，除考虑养殖的品种环境需求外，还需首先考虑资源问题，包括水土资源、资金资源和饵料资源。其次，考虑技术问题，例如养殖模式的技术成熟度、养殖户（从业者）自身掌握技术的能力等。另外，还要考虑养殖模式的生产风险和生态风险，主要考虑暴发性疾病、自然灾害和食品安全等。如易造成生物入侵的物种或品种宜选择人工可控水体环境的养殖模式。

淡水池塘养殖

淡水池塘养殖是指利用池塘进行淡水水生经济动植物的生产方式。池塘指比湖泊小的水体，为便于生产和管理，面积一般在 15 万平方米以下。淡水池塘养殖是中国淡水养殖业的重要支柱，其主要特色表现为立体混养和综合养殖。

立体混养指在同一池塘里混养多种水生动物，是长期生产实践的结晶。混养是根据各种水生动物不同的习性、食性和栖息水层等生物学特性，按食性和水层合理配养、立体放养不同水生生物的养殖方法。混养可充分利用不同水生动物之间的互利作用和不同水层的饵料，最大限度地发挥池塘水体的生产潜力。

综合养鱼指以养鱼为主，实现渔农、渔牧、渔牧菜果、渔副工贸等生产方式。池塘养鱼，埂基种植各种农作物、经济作物、饲料、草料和圈养家畜家禽，利用农作物、经济作物、蔬菜、农副产品、残饵、菜叶来养鱼，然后再利用养鱼池塘的塘泥作为农作物优质肥料，促进农作物高产，如此循环往复，促进农业生态系统的良性循环，生产者能以较低的代价换取较多的产品和产值，收到渔农全面发展的效果。

此外，池塘不仅是鱼类的生活场所，也是天然饵料的培育池，还是有机物氧化分解的氧化池，多种功能同时发挥作用，这也是中国淡水池塘养殖特色。

淡水池塘养殖在中国广为分布，从区域来看，地处珠江流域的广东和地处长江流域的湖北、江苏、湖南、江西等占绝对优势，其中长江流域的渔产量总和位居各流域之首，黑龙江流域也是重要渔产区。各地区因地理位置、气候、生活习惯、经济水平、市场需求等的不同，池塘养殖生产情况存在差异。池塘养殖是一个复杂的系统工程，它需要来自生物、渔机工程和科学管理等方面的技术为其发展提供支撑。

然而截至 2019 年，支撑淡水池塘养殖健康发展的完整理论体系并没有形成。池塘养殖模式多从追求产量和经济效益出发，高密度、高投饵率、高换水率的集约化水产养殖方式带来的环境问题、病害问题、水产品质量安全问题，使其可持续发展受到质疑。如何使淡水池塘养殖在社会和经济方面持续发展的同时，在生态环境方面获得持续发展，这一问题已经越来越受到关注。

河道增养殖

河道增养殖是指在河道沟渠采用繁殖保护、人工放流和改善水域环境等措施来提高水产资源的数量和质量的过程。是保证水产资源再生产的稳定和持续增长，提高渔业生产的经济效益的重要途径。包括增殖和养殖两个方面。又称河道沟渠增养殖、河沟增养殖、外荡增养殖等。

通常河道流进的有机质多，水质较肥，有利于提高养鱼产量。但由于水文、灌溉、航运、旱涝、工业污染等影响，河道的水质变化和水位涨落较大，来往船只多，造成鱼类生活环境不及湖泊那样安静，特别是比较狭窄的河道，不利于鱼类的栖息、觅食等正常生长活动。因此，河道增养殖因难度较大而主要在平原或丘陵地区水流较缓的小河道中开展。

◆ 河道增殖

利用水体水生生物繁育特点，通过放流、底播、移殖等方式向河流投放活体水生生物，实现增加生物种群数量和资源量、净化水体、修复水域生态等目的的资源养护措施。开展河道增殖放流对促进渔业可持续发展、维持生物多样性和维护生态安全具有重要意义。2010 年 11 月农业部编制了《全国水生生物增殖放流总体规划（2011—2015 年）》，作为河道等水域增殖放流的指导性文件，为促进中国水生生物增殖放流工作科学有序发展提供了指导。

◆ 河道养殖

又称河沟养鱼。用拦鱼设备拦截天然或人工河道的一段，投放鱼种进行养鱼的一种方式。一般选择水位稳定、水质较肥、通航较少的河段，放养鲢、鳙、鲤、鲫、草鱼、团头鲂等，主要靠天然饵料使鱼成长。河道养鱼拦鱼设备一般较简单，可因地制宜的分段拦养。河道养鱼有网箱养鱼和网栏养鱼两种形式。在终年有水流引入的沟渠中可采用金属网箱养鱼。即，在网箱设置处对渠道一边的岸扩宽改造，然后用金属网片围成 40～60 平方米的箱体，参照流水养鱼和网箱养鱼的措施进行精养，产量可达 150 千克 / 米^2 以上。此种养鱼形式在中国四川眉山一带非常普遍。一般粗养河道，每亩水面放养 200～300 尾，精养河道每亩放养 300～500 尾，然后根据年终鱼生长情况进行调整。河道养鱼的经济效益、亩产量、成活率等，不仅与放养规格、密度、管理等有关，还与防逃设施是否完备有极密切的关系。主要的拦鱼设备有竹箔、聚乙烯网、土坝、铅丝网、钢栅等。

网围养鱼

围网养鱼是指在江河、湖泊、水库等水域通过围、圈、拦、隔等工程措施，围拦一定面积的水域，在其中从事集约化的鱼类养殖方式。是池塘养鱼高产技术与大水体优良生态环境的结合；采取混养、密养，投放草鱼、鲤、鲫、鲂等鱼类；以人工投饲为主、依赖天然饲（饵）料为辅的养鱼方法。

网围材料一般分为金属网围和合成纤维网围，一般以 0.213×（3～4）聚乙烯线编织而成。网围区的面积以 3～19 亩为宜，最多不超过 40 亩。以圆形或椭圆形为好，可以增强抗风浪能力，减少浮草杂物堆积，有利于鱼类活动。网围养鱼的水域选择一般考虑以下 5 个方面：①风力。网围设施的设计抗风力应高于当地近 5 年中最大风力的 1.2 倍。②水位变化。年最低水位在 0.8 米以上的大水面才能进行网围养鱼。③水体交换条件。要有一定缓流，一般选择在湖泊的敞水区或入湖河口的两端。④水质条件。在鱼类养殖季节，溶氧要求达 6～8 毫克/升，有机耗氧量不超过 12 毫克/升。⑤水域条件。围栏区水深不超过 4 米，底质平坦，底泥软硬适中，周围水区水生生物资源丰富。

透明度较大、水生植物生长茂盛的湖泊中，养殖草鱼、团头鲂、鲤、鲫、青鱼较适宜；透明度较低、浮游生物生物量大的湖泊中，养殖鲢、鳙、鲤、草鱼、团头鲂、鲫较适宜；一般多以草鱼、鲤、团头鲂为主养鱼类，搭配一些其他鱼类和肉食性鱼类，以控制网围区野杂鱼的发展。

优点在于依赖水流作用使围养区内水体不断更新，水中溶氧丰富，鱼的排泄物和食物残渣能及时稀释和扩散，鱼类在围养区内可减少凶猛鱼类的危害，降低觅食所耗的能量，因而成活率高、生长快、饲料系数低、增肉率高、成本低、经济效益好。

流水养鱼

流水养鱼是指在淡水流动水体中高密度养鱼的养殖方式。一般以山涧溪流、涌泉水、地下井水、水库底排水、清澈无污染的河水等水源，借助水位差、引流或截流设施及水泵等，使水不断地流经鱼池，或将排出水净化后再注入鱼池，以保持充足的溶氧和良好的水质，同时投喂营养丰富的饲料，可获得比静水池塘养鱼高数十倍的产量。

◆ 模式

模式主要有 3 种：①自流水式养鱼。用水不经过任何处理，可利用天然地势形成的落差，使水不停地流入鱼池，无须使用人工或机电动力。②封闭循环流水式养鱼。用水量少，养鱼用水经过专门设备的沉淀、净化、过滤等处理后，重新供应流水池养鱼之用。③温流水式养鱼。分为开放式和封闭式两类。其中开放式的水源是温泉水或工厂温热排水等，水量须充足，用过的水不再重复使用，但需有调温及增氧等设备；封闭式温流水循环养殖的技术设备要求高，尤以水体净化处理这一环节更为突出，但设备利用率和生产能力很高，能耗较低，对环境影响较小。

◆ 放养密度

放养密度及规格依养殖种类、生产目的及水流量大小而定。首先要投放足够数量、体质健壮、规格整齐的鱼种，放养量和生产量呈正比例关系，即在饲养条件允许的范围内，放养量越充足，越有可能获得较高的生产量，通常在 1 年的生长期中，年产量约为放养量的 4 ~ 6 倍。放养量应达年产量目标的 17% ~ 25%，同时根据供水量和与之相应的养鱼池面积来确定放养量比较合理。

◆ **日常管理**

经常巡塘检查，注意观察鱼群的活动状况、摄食强度，测定溶解氧、水温、pH 等，以判断水质状况，同时经常检查鱼体，做到预防为主。每日检查拦鱼栅是否有破损，以防逃鱼。若发现鱼类常表现出集群绕池壁环游，或在进水口处持续顶水运动，即为缺氧表现，应及时补充大量新鲜水，有必要的情况下还需使用增氧机对水体增氧，从而保证鱼存活；若发现定向注水过急、水量过大，要及时加以调整，可通过调整挡水板来达到目的。最后还需注意在雷雨防洪季节做好排洪工作和及时疏通渠道，避免洪水冲垮进水渠。

淡水网箱养鱼

淡水网箱养鱼是指采用合成纤维或金属网片等材料装配成箱体，设置在淡水水体中，培育鱼种或饲养商品鱼的方式。此方式通过箱内外水体的不断交换，保持鱼类生长的适宜环境，利用天然饵料或人工饲料高密度集约化生产。

网箱养鱼利用生态优势和生理学原理，进行高密度养殖从而获得高产，是由网箱暂养鱼类得到启示而发展起来的。自 19 世纪末以来，此种传统的养殖方法在柬埔寨湄公河下游普遍应用，并传播到东南亚各国，再在世界范围内普遍发展起来。网箱养鱼是水产养殖业向集约化生产发展的一项技术，具有产量高、便于管理、节地节水节能、有效开发江河

淡水网箱养鱼水面

湖库大水面渔业等特点。

网箱养殖技术包括网箱结构与设置、放养种类及密度、饲养管理、鱼病防治等，均应符合高效健康养殖技术规范的要求。其中，网箱养殖地点要选择在向阳避风、水面宽阔、水体缓流、水位相对稳定、水质清爽、水源无污染、交通便捷的地方，且养殖区不易受洪水影响。在水体中设置由合成纤维网片或金属网片等材料装配而成的网箱，网目根据进箱鱼种规格而定，一般为 0.5～1.1 厘米，长方形或正方形，面积为 12～32 平方米，网深 2～4 米。中国淡水网箱养殖对象除传统的四大家鱼外，鲫、鲤、罗非鱼也成为常规的养殖对象。此外，还有鳜鱼、鲟等特种鱼类。其养殖密度一般根据水质条件、养殖对象的特性、饵料来源的难易等确定。一般养殖滤食性不投饵鱼类（如鲢、鳙），鱼种放养密度为 1～3 千克／米^2，即进箱鱼种规格如为 50 克／尾，则放养鱼数量为 20～60 尾／米^2。吃食性鱼类（如鲤、草鱼），一般按 10～15 千克／米^2 放养，即放养鱼的规格在 100 克／尾时，放养量应为 100～150 尾／米^2；整个水域的网箱养殖规模须通过生态评估后确定。

山塘养殖

　　山塘养殖是指利用经过整理或人工开挖面积较小的山塘进行养鱼生产的一种方式。山塘面积小，一般在 50 亩以下，容量不超过 8 万立方米，水深 2～4 米，塘形不规则，零星分散在山溪或谷地之间。山塘周围一般有着大片的土地和丰富的草类资源，但缺乏较好的保水性，缺水严重时甚至会干枯，其水温较冷，水质偏酸性，水中养分不高。如充分利用山塘的优势科学养鱼，可获得较高的鱼产量，提高经济效益。

◆ 山塘改造

　　平整塘底，清除石块，树桩和各种杂草等障碍物；把崩塌的塘基和漏洞加固加高，有条件的地区可把山塘土坝改建为石坝，堵塞漏洞，使山塘常年水深保持在 1.5 米以上；维修引水沟和排洪道，做到养鱼、防旱、排涝三不误；做好拦鱼设施，防止鱼类逃跑。

◆ 合理搭配品种

　　放养品种以草鱼、鲢、鳙、鳊等常规品种为主，可少量搭配其他鱼。条件较好的地区可以开展名特优鱼类养殖。水质清新的贫营养型山塘，采取鱼鸭套养及种草养鱼的综合养殖方式，以养草鱼为主，适当混养鲢、鳙、鲤或鲫等。一般每亩放养 13 厘米以上草鱼 250～300 尾、鲢 100 尾、鳙 40 尾和 10 厘米以上鲤 50 尾。对水质较肥沃的富营养型山塘，以放养鲢、鳙为主，适当混养鲤或鲫，一般每亩放养 13 厘米以上鲢 300 尾、鳙 100 尾，并混养鲤或鲫 50 尾。

◆ 饲养管理

投喂的配合饲料或草料等要新鲜，不变质。同时注意饲料品种的多样化。坚持早晚巡塘，根据水质的变化情况及时注水、施肥、投饵。巡塘时还要观察鱼的活动情况，发现鱼病及时治疗，同时做好堤坝、闸门和拦鱼设施的管理，及时堵塞漏洞，密切注意气象预报，及时做好防风、防洪、防旱等工作。

◆ 捕捞技术

根据山塘的地理和水域条件，采用刺网、围网等以拦、赶、刺、张捕鱼法捕鱼，捕大留小，同时根据捕捞量采取轮捕轮放的方式，充分利用水体，有效提高养殖单产。

稻田养鱼

稻田养鱼是一种在稻田中饲养淡水经济动物的养殖方式。其中，"鱼"泛指鱼、虾、蟹、鳖和蛙等多个品种。是种植业和养殖业有机结合的一种生产模式。

中国稻田养鱼的历史可以追溯到公元前 400 年前后。四川省彭县（今彭州）出土有东汉末年陶制水田鱼池模型。唐代（867～904）刘恂的《岭表录异》中更有"先买鲩鱼子，散于田内，一二年后，鱼儿长大，食草根并尽，既为熟田，又收鱼利及种稻，且无稗草"，对稻田养鱼方法和优势的详尽论述。北宋李昉、李穆、徐铉等所编纂的《太平御览》（977～983）卷 926 载："《魏武四时食制》曰：郫县子鱼，黄鳞赤尾，出稻田，可以为酱。"也有稻田养鱼的相关记载，但长期以来只见于某些偏僻山区，技术水平和产量都低。20世纪50年代中国稻田养鱼面积曾达1000万亩。以后随稻田耕作制度的变化和化肥、农药用量的增加，稻田养鱼面积大幅度下降。70年代以来，又逐步恢复。1984年的饲养面积近1000万亩。2003年，中国稻田养鱼面积达155.8万公顷，鱼、虾、蟹等产量102.4万吨。至2017年，中国稻田养成鱼面积已达151.609万公顷，产量163.23万吨。稻田养鱼在日本已约有100年历史。从20世纪初开始，印度、马达加斯加、苏联、匈牙利、保加利亚、美国以及亚洲一些国家都进行了稻田养鱼，但以印度尼西亚、马来西亚、菲律宾和印度较为盛行。

稻田养鱼根据生物学、生态学和生物防治等原理以及水产养殖工程技术，利用稻田自然环境，辅以人为措施，既种植水稻又养殖水产品，使稻田内的水资源、杂草资源、水生动物资源、昆虫以及其他物质和能源更加充分地被水产动物所利用；并通过水产动物的生命活动，达到为稻田除草、灭虫、松土和增肥的目的，在人工管理条件下获得稻鱼互利双增收的理想效果。

中国有2600万公顷左右稻田可用于稻田养鱼，主要生产类型有稻鱼兼作、稻鱼轮作和冬闲田养鱼等。养殖工程设施分为垄稻沟鱼式、宽沟式、田函式、沟池式等。养鱼稻田需加高加固田埂，开挖鱼沟（溜）和鱼函，安装拦鱼设备、防鸟网，搭建避暑棚，建好排水沟等，田间工程面积一般不超过本田面积的10%。种植品种选择分蘖力强、茎秆粗硬、耐肥、耐淹、叶片直立、株形紧凑、抗倒伏、抗病虫害、产量高的水稻品种。主要养殖品种为草鱼、鲤、鲫、泥鳅、黄颡鱼、克氏原螯虾、中华绒螯蟹、中华鳖、蛙等，一般每亩产量在 50 ～ 200 千克。日常管理的关键是投饵、防漏、防止逃鱼和防御鸟类、水蛇等敌害。稻田以施有机肥料为主、化肥为辅，重施基肥、轻施追肥。采用灯诱灭虫，或选择高效、低毒和低残留农药防治水稻病虫害。

稻田养鱼在确保水稻稳产，水生生物产量增加，提升水稻品质，减少农药、化肥、除草剂使用，保障粮食安全，以及促进农民增收上都能发挥重要作用，是稻田综合利用的一种重要途径。

综合养鱼

综合养鱼是以水产养殖业为主，与种植业、畜牧业和农副产品加工业综合经营及综合利用的一种生产形式。又称综合水产养殖。

中国的综合养鱼历史悠久，经多年的推广应用，综合养鱼技术已取得了长足发展。国际社会评价中国综合养鱼，认为这种可持续发展的生态经济结构不但适合中国国情，而且对发展中国家和一些发达国家都有实用价值。在传统综合养鱼以养鱼为主的基础上延伸其生物链，将农业种植、畜禽养殖等有机结合起来，将都市渔业、游钓渔业、设施渔业及有机渔业融为一体，创造一个环境和谐、综合效益优良的循环经济生产方式。

综合养鱼可以比较合理利用太阳能资源、水资源和土地资源，以及各综合专业的副产品和废弃物，增加饲料、肥料来源，降低生产成本，减少废弃物污染，改善生态环境；有利于产业结构的合理化，促进三产融合，增加就业和农民收入。综合养鱼形式多样，按照结合对象可分为鱼－农综合养鱼、鱼－畜／禽综合养鱼、鱼－畜－农综合养鱼、桑基鱼塘、多层次综合利用系统和渔－工－商综合系统等模式。

淡水养殖设施

淡水养殖设施是指为开展淡水养殖而构建的人工设施系统。一般分为养殖基本设施和养殖辅助设施。

◆ 养殖基本设施

养殖基本设施是为满足养殖条件而建设的基本设施系统，其构建原则是为淡水养殖动物生长、发育提供良好的生产环境条件。根据养殖方式不同，淡水养殖基本设施主要有：①池塘养殖设施。主要包括进水设施、塘体、排水设施等。②流水养殖设施。主要有进水管渠、流水养殖池、排水渠等。③网箱养殖设施。主要包括浮体、框架、网衣等。在水体中，网箱大多是连片布置，形成"鱼排"结构。④循环水养殖设施。主要包括养殖池、水处理设施、循环水系统、控制系统等。养殖池有水泥池、玻璃钢池、移动组合池及土池等形式。水处理系统主要由物理过滤、生化处理及增氧、杀菌等系统装备组成。循环水系统主要由水泵、管道、阀门等组成。控制系统包括水质调控和生产过程控制等设施系统。

◆ 养殖辅助设施

养殖辅助设施是为提高养殖效率而建设的设施系统，一般有以下8类。

取水设施。为满足养殖场生产用水建设的泵站、渠道等设施系统。

泵站一般建设在取水口，其结构布局应符合供电、取水和设备布置需要，水泵选择应按养殖场规模和取水条件选择配置，并装备一定比例的备用泵。进水渠道应满足养殖用水量要求，一般按照在 15～20 天内将全部养殖池注满水的量计算。进水渠道一般采取明渠结构，有水泥现浇、预制管（槽）、砖石立砌、护坡等形式。采用暗管进水时，应按一定距离建设检查井，检查井的间距不超过 100 米。

场地道路。水产养殖场的主干道一般净宽 4 米以上，水泥或柏油路面，道路两侧绿化并配置安装路灯。副干道一般宽 3 米以上，水泥或碎石路面，安装路灯，满足生产车辆通行。生产区应留有一定面积的场地，以满足生产物资堆放和生产作业需要。

越冬繁育设施。主要有保温大棚、繁育设施等，应根据养殖需要建造。

生产生活建筑物。一般建设满足生产、生活需要的建筑物，建筑物的结构形式应符合养殖场整体建设要求。办公生活区应留有一定比例的场地，满足车辆停放、娱乐活动等需要。

排放水设施。主要有排水闸门、排水渠道等。排水闸门主要有插板、插管、机械闸门等形式。排水渠有土渠、护坡、立砌、现浇、生态坡面等形式。排水渠道应根据地形结构和场区特点建设，渠道的底部一般应低于池塘底部，也可根据地形和投入建设排水渠道。

围护设施。有河道、围栏、围墙等形式。一般利用周边的沟渠、河流等构建围护屏障，以保障养殖区生产生活安全。

水处理设施系统。主要有原水处理设施、养殖水处理设施和排放水处理设施等。①原水处理。一般有蓄调节池、沉淀池、过滤池等，对于不符合规定或阶段性不能满足养殖需要的原水，应建设原水处理设施。②排放水处理。主要有人工湿地、生态沟渠、氧化塘、生化塘等，养殖排放水必须经过处理且符合 SC 9101 等标准后方可排放。③池塘水体净化。有 生物浮床 、生态坡、水层交换、底质调控等设施技术，养殖过程中应对池塘养殖水体进行调控，以提高养殖效率，减少养殖风险。

配套设施。配套设施主要有供电、供水、通信、生活垃圾处理等设施系统。①供电设施。养殖场一般应配备专用的变压器，养殖场内的供电电缆应铺设地下，配电设施应符合电力配置标准，配电箱要符合野外安全要求。②供水。应根据养殖场布局和建筑物位置确定供水管路，自来水建设应符合相应规范要求。③通信。养殖场应建设满足生产、生活需要的通信系统，建设要求执行相关标准规范。④生活垃圾、污水。根据养殖场布局，建立适合生活垃圾集中收集的设施；根据常驻人数，建造相应规模的生活污水处理设施。

温室大棚设施

温室大棚设施是指为温室大棚采光、防寒、保温而建设的系统工程。温室大棚水产养殖具有保温、御寒、延长养殖时间等特点，适合鱼类越冬、贮存、繁育等需要，是一种高效养殖设施系统。温室大棚内一般设置有加热、降温、补光和遮光等设施设备，可进行光照、温度、湿度等环境因素调节。

◆ 分类

温室大棚的种类很多，依结构材料、采光、外形及加温条件等可分为玻璃温室、塑料温室，单栋温室、连栋温室，单屋面温室、双屋面温室，加温温室、不加温温室等。同一种类温室又可细分，如塑料温室大棚又分为软质塑料温室大棚和硬质塑料温室大棚。温室和大棚的主要区别在于内部设施。温室的内部设施一般比较齐全，有增温、保温、降温、通风、控制等设施系统。大棚一般指由塑料薄膜和骨架结构构成的保温设施，其内部设施很少，主要利用太阳能加热保温，其温度控制能力相对较差。

◆ **设施结构**

水产养殖温室大棚主要有塑料温室、玻璃温室、日光温室、塑料大棚和智能温室大棚等形式。温室大棚内一般配置有养殖池、供水系统、温控系统、辅助照明系统及监控系统等设施装备。

塑料温室。不同地区对塑料温室的结构要求不同。但跨度一般在6～12米，檐高2～4米。自然通风连栋温室的最大宽度宜在50米以内，机械通风连栋温室的最大宽度可扩大到60米，温室长度一般在100米以内。一般用热浸镀锌钢管作主体承力结构，工厂化生产，现场安装。由于塑料温室自身的重量轻，对风、雪荷载的抵抗能力弱，一般有斜支撑（斜拉杆）锚固于基础。塑料温室主体结构的抗风能力一般要求达10级，雪承载能力根据地区实际降雪情况确定，在北方地区，其雪荷载能力不小于0.35千牛/米^2。

玻璃温室。温室底部一般位于冻土层以下，采暖温室可根据气候和土壤情况考虑采暖对基础冻深的影响。基础底部一般应低于室外地面0.5米以上，基础顶面与室外地面的距离应大于0.1米。除特殊要求外，温室基础顶面与室内地面的距离宜大于 0.4 米。中国玻璃温室钢结构设计主要参考荷兰、日本和美国等温室的设计规范，此外在设计中还须考虑结构强度、结构的刚度、结构的整体性和结构的耐久性等问题。

日光温室。太阳辐射是日光温室温度和保持热量平衡的能量来源。日光温室的保温一般由围护结构和活动保温被两部分组成，前坡面的保温材料应使用柔性材料，以易于日出后收起，日落时放下。节能型日光温室的透光率一般在 60% 以上，室内外气温差保持在 21℃ 以上。日光温室主要由围护墙体、后屋面和前屋面 3 部分组成。其中前屋面是温室的采光面，白天采光，夜间或光照弱时用活动保温被覆盖，以加强保温。温室的保温材料应适合机械化作业、价格便宜、重量轻、耐老化、防水等要求。

塑料大棚。塑料大棚一般室内不加温，靠温室效应积聚热量。其最低温度一般比室外温度高 1～2℃，平均温度高 3℃ 以上。塑料大棚透光率一般在 60%～75%。大棚以南北向为宜。一般为单跨拱面结构。中、小型大棚的北面一般有 0.5～1 米高的墙体，南面为半拱圆的棚面。或者是北面为半拱圆的棚面，南面为一面坡的棚面。

智能温室大棚。智能化控制系统是利用先进的监控技术，监测养殖动物生长的环境、温度、水质等养殖信息，并通过智能化数据分析，对设施系统进行调控，从而达到维持生物生长环境要求的目的。与人工控制相比，智能控制最大的优点是能够控制大棚内部的环境，对于环境要求比较高的养殖品种来说，可避免人为因素而造成生产损失。

◆ **设施构建要求**

结构要求。单栋养殖温室大棚有拱圆形和屋脊形两种形式，建设高度一般 2.2 ～ 2.6 米，宽度（跨度）10 ～ 15 米，长度为 45 ～ 66 米，占地面积约为 1 亩。连栋大棚一般占地 1000 ～ 3000 平方米，甚至更大达几万平方米，连栋大棚覆盖面积大，土地利用充分，棚内温度高，温度稳定，缓冲力强，但通风不好，管理不便。为加强防寒保温、提高大棚内夜间的温度，一般采用多层薄膜覆盖。二层膜与大棚薄膜之间一般为 30 ～ 50 厘米。除两层膜外，大棚内还可覆盖小拱棚及地膜等，多层覆盖使用的薄膜为 0.1 毫米厚度的聚乙烯薄膜，或厚度为 0.06 毫米的银灰色反光膜，或 0.015 毫米厚的聚乙烯地膜，或用丰收布（一种无纺布，或称不织布）等。随着大棚技术的迅速发展，中国的薄壁钢管装配式大棚已按商品化生产，具有规格标准、结构合理、坚固耐用、装卸方便、容易拆迁换地等特点。

材料要求。①普通膜。以聚乙烯或聚氯乙烯为原料，膜厚 0.1 毫米，无色透明。使用寿命约为半年。②多功能膜。是在聚乙烯吹塑过程中加入适量的防老化料和表面活性剂制成，使用寿命比普通膜长 1 倍，夜间棚温比其他材料高 1 ～ 2℃。膜不易结水滴，覆盖效果好。③草被、草苫。用稻草纺织而成，保温性能好。④聚乙烯高发泡软片。一种白色多气泡的塑料软片，一般宽 1 米、厚 0.4 ～ 0.5 厘米，质轻易卷起，保温性与草被相近。⑤无纺布。为一种涤纶长丝，不经织纺的布状物，有不同的密度和厚度，除保温外还常作遮阳网用。⑥遮阳网。一种塑料织丝网，有不同的密度规格，遮光率不同，主要用于夏天遮阳、防雨，也可作冬天保温覆盖。

建设要求。温室大棚搭建地点宜选择向阳、避风、高燥、排水良好，没有土壤传染性病害的地方。

淡水苗种繁育设施

淡水苗种繁育设施是指在淡水环境下，鱼类繁殖和苗种培育中所使用的工程、设备等的统称。分鱼类繁殖设施和苗种培育设施。

◆ 鱼类繁殖设施

主要有亲鱼池、亲鱼网、过滤池、动力设备、高位水塔或高位蓄水塘（库）、催产池、待产池、孵化器（孵化环道、孵化桶、孵化槽、孵化缸等）和鱼苗暂养池等。

亲鱼池是为培育达到性成熟年龄亲鱼或接近性成熟年龄后准备亲鱼的设施。该设施面积 1.5 ～ 5 亩，池长为宽的 2 ～ 3 倍。水源充足，水质良好，排灌方便。位置力争靠近其他繁殖设备附近。为提高亲鱼池使用年限和效果，鱼池堤面需硬化，堤坡用较柔性合成网格材料或其他材料护理。亲鱼池数量应根据鱼苗生产量所需亲鱼数量和亲鱼放养密度而定。

亲鱼网。为捕捞亲鱼的网具。要求网具柔软、耐用，不易伤鱼。其结构分上纲、下纲、网衣、浮子和沉子 5 部分。网长为池宽的 1.5 倍，网高为水深的 2 ～ 3 倍。网衣的水平缩结系数为 0.5（每 1 米网衣均匀固定在 0.5 米网纲上，下同）。上纲每隔 75 厘米装 1 个浮子；下纲均衡装配沉子。浮子的浮力和沉子的重量比为 1 :（1.2 ～ 1.5）。上、下纲材料为直径 6 ～ 7 毫米的乙纶胶丝绳或维尼纶绳。网衣材料为 3×5 尼龙线编结成网目为 3 厘米的网片。浮子材料为直径 8 厘米的圆形塑料泡沫浮子或 50 ～ 100 克腰鼓形硬质塑料浮子。沉子为金属材料制成，每个重 20 ～ 25 克。生产上使用的大多为铅质或铁质沉子。

过滤池。为鱼类繁殖提供过滤用水的钢筋混凝土工程设施。通过 60 ～ 65 目乙纶胶丝网布过滤窗过滤外源水体，防止鱼、虾、水生昆虫、大型浮游动物和其他杂物进入繁殖设施。过滤池长方形，池深 1.5 米，宽 2 米，长度和过滤纱窗面积根据生产规模而定，年生产鱼苗 1 亿～ 2 亿尾，过滤窗面积为 50 ～ 60 平方米。为便于吻合安装过滤窗，施工时先用一定规格的角铁固定于水泥框架四周。

动力设备。为鱼类繁殖提供用水的设施，即水泵与配套电机、发电机组和配电自控装置。其规模依鱼苗产量而定，年生产鱼苗 1 亿～ 2 亿尾，其动力设备功率为 7 ～ 10 千瓦；当水源充足并有高位水源自流灌溉条件下，可省去或简化动力设备。

高位水塔。在地势平坦的地方，为鱼类繁殖提供自流水和一定水压的钢筋混凝土工程设施。圆形或长方形、方形，多为圆形，高 3 ～ 4 米。水塔容量根据生产规模而定，年生产鱼苗 1 亿～ 2 亿尾，水塔容水量 300 ～ 350 立方米。由于高位水塔毕竟要承载一定水压，故对其工程结构、质量要求很高。

高位蓄水塘（库）。在有地形、地物利用的地方，可用高处池塘或水库为鱼类繁殖提供用水的工程设施。如果地形高差有限，可适当加高池堤。鉴于高位蓄水塘（库）可达到较大的容水量和较稳定水温，对繁殖十分有利；对于底层水温较低的水库，需要利用一定面积的高处池塘晒水增温。

催产池。为鱼类繁殖催产的钢筋混凝土工程设施。此设施由产卵、集卵和分卵3个分池衔接组成。①产卵池。为圆形，直径8～10米，深1.2～1.5。在产卵池口面墙壁以下20～30厘米处有一直径10厘米并与池壁成45°角的进水口，底部为锅底形，中心有一个长、宽为40厘米×40厘米的集卵方洞，上盖拦鱼设备，下连直径15厘米的输卵管并与集卵池连通。②集卵池。池长2.6米，宽1.5米，深1.5米，在集卵池一角有一维持水位的溢水口，底部有一直径15厘米受阀门控制的排干水管，池内有台阶上下管理。集卵池与产卵池底的输卵管接通比邻，上与分卵池比邻连通。③分卵池。与集卵池横边连接，其长度与集卵池宽度相同，宽度0.85米，深0.65米，底部有若干个直径10厘米的分卵管口，口面加盖控制，管口以下各与孵化环道对应环连通进卵。在分卵池与集卵池之间有一直径10厘米短管连通，并加装阀门控制进卵，管外端通过滤水网袖与集卵池底部进卵管上下连接绑定，使产卵池鱼卵沿滤水网袖进入分卵池。催产池的数量根据生产规模而定，年生产鱼苗1亿～2亿尾，需催产池个数为2个。

待产池。为鱼类准备催产繁殖暂养的钢筋混凝土工程设施。长方形或正方形或圆形，深1～1.2米，容水量20～50立方米，有进、排水系统可控形成活水。待产池分大、小两类，以适应不同大小种类亲鱼暂养需要并根据鱼苗生产量适当配置。

孵化环道。为鱼卵孵化大型的钢筋混凝土工程设施。分圆形和长圆形两种；结构上分单环和双环两类，也有三环的。环沟宽75～80厘米，深1～1.2米。在孵化环道的底部基础和墙内分布大、小不同进、排水管道网，进水总管直径25厘米，进水支管直径10～15厘米，排水总管直径25厘米，支管直径10～15厘米。每内、外环容水量分别为8～15立方米。圆形单环环道的出水口管在环道中心部位，其高度低于环道口面20～25厘米，以维持水位。各环沟进水口在每环沟底中心线上，每隔1～1.5米与底部进水支管连接多个鸭嘴喷头，喷头所接垂直连通管直径2.5厘米，高5厘米。长圆形环道滤水窗位于环道直线部位，窗在沟内两面墙从环口面直达沟底，而圆形单环环道滤水窗则安装在整个内圆钢筋架上。为吻合安装滤水窗，与孵化用水过滤池的过滤窗安装相同。在孵化过程中，为始终保持进、出水平衡，滤水窗面积一般占环沟体两面内墙总面积的80%。圆形单环环道的出水口管在环道中心部位，其高度低于环道口面20～25厘米，以维持环道水位。长圆形环道，在窗后墙壁上部有5～6个同一水平控制环道水位的排水洞口并与墙内暗沟相通汇集入垂直排水支管，然后再通至排水总管汇集排水。孵化环道数量，根据生产规模和地面许可而定。年生产鱼苗1亿～2亿尾，需容水总量40～50立方米的孵化环道。每立方水体每批次可孵化鱼苗100万尾。鉴于孵化环道的管道系统密集，结构复杂，其基础工程和质量要求很高。

孵化桶。为鱼卵孵化的中、小漏斗形设施。孵化桶用白铁皮或合成材料依照其结构加工而成。在漏斗底部装有直径2厘米的进水管；在桶的上部口面上有一维持水位的溢水出水口。桶的上中部为1个高

30～40 厘米的梯形圆台形滤水罩，其结构由钢筋架和 50 目的乙纶胶丝网布做成。孵化桶容水量 0.08～0.16 立方米，每桶每批次可孵化鱼苗 30 万～50 万尾。

孵化槽。为鱼卵孵化的中、小型混凝土工程设施，或用塑料、金属材料加工而成。长方形，长 1.2 米，宽 0.6 米，槽深 0.6～0.8 米。在槽的两长边内墙壁上装有占内墙总面积 80% 的垂直滤水窗，其材料为 50 目的乙纶胶丝网布。为吻合安装过滤窗，与孵化用水过滤窗安装相同。在孵化槽一横边底部有 2～3 个进水喷口，进水口对面内墙从下至上呈流线形。在滤水窗后的墙壁上部有 3～4 个一列同一水平控制水位的排水洞口，下接墙内暗沟通入排水管。孵化槽一角最低处设有加盖出苗、干池口管，口径 3～6 厘米。孵化槽的容水量为 0.3～0.6 立方米，每立方水体每批可孵化鱼苗 100 万尾。孵化槽的数量应根据鱼苗生产规模或与其他孵化设备配套适当设置。

孵化缸。为鱼卵孵化的中小型设施。利用盛水量 50～150 升的水缸改装成。较修长的水缸宜改装成漏斗形孵化缸，其结构与孵化桶类似；较矮阔的水缸宜改成平底孵化缸。平底缸的中心进水管除用直径 4～5 厘米竹管加工外，还可以用一根小竹竿与直径约 2 厘米的橡皮管相固定，并使橡皮管口离缸底约 5 厘米。

鱼苗暂养池。为孵化的鱼苗集中暂养，准备下塘培育或出售的钢筋混凝土工程设施。长方形，长、宽、深为（9～11）米 ×7 米 ×0.9 米。在暂养池中可挂长 8 米或 10 米鱼苗网箱 4 只。在池口面两端的墙壁以下 20 厘米部位分别有两个伸出 15 厘米长，直径 10 厘米的出苗管（共

4个）。出苗管分别正对4只鱼苗网箱纵向中部，以利对网箱内进苗。这4个出苗管分别与对应环道沟底面出苗孔对接，不出苗时用带"耳环"的孔盖将出苗孔盖严实；出苗时只需将钢筋长钩挂起孔盖，即可出苗。此外，暂养池中在挂4只鱼苗网箱的两端墙面以下20厘米部位共有16个直径10厘米进、排水孔。其中，一端有8个进水孔，并分别与网衣外侧平行。进水孔与墙内暗沟相连汇集，上与环道排水总管接通，并用阀门控制进暂养池的水量；而另一端为8个排水孔，同样每孔分别与网衣外侧平行。排水孔与墙内暗沟相连汇集排水。因此运行时，鱼苗暂养池为流水池。

鱼类繁殖设施系统复杂，需要按操作流程合理衔接，形成流水线系统，以便于管理和提高繁殖效率。在当下水环境污染日趋严重的情况下，良好的水源、水质难找，而鱼类繁殖对水质要求很高。因此，采用池塘水体自然净化系统技术和相关设施，是解决水体不同程度污染和水源缺乏区域、改良水质的根本性措施。

◆ **苗种培育设施**

分为鱼苗培育和鱼种培育两个阶段。所使用的设备、主要网具和工具，统称苗种培育设施。主要有鱼苗池、鱼种池、排灌设备、动力设备和网具等。

鱼苗池。为专门培育鱼苗的设施。长方形，土池长为宽的2～3倍，或长宽比为黄金分割（1：0.618）。深1～1.5米，面积1000～3000平方米。池水排灌方便，池底朝排水口方向比降为0.3%。在有条件下，堤面、池坡硬化；而水泥池深0.8～1.0米，面积大小不等，一般

20～200平方米。

鱼种池为专门培育鱼种的设施。长方形，土池长为宽的2～3倍，或长宽比为黄金分割（1：0.618）。深2～2.5米，面积2000～4000平方米，排、灌方便，池底朝排水口方向比降为0.3%。在有条件下，堤面、池坡硬化；鱼种水泥池规格与鱼苗水泥池相同。

排灌设备。为鱼苗鱼种培育池供水和排水的设施。分进水沟和排水沟或排水渠。进水沟宽30～50厘米，深40～50厘米，沟底比降0.3%。排水沟规格与进水沟相同；在有一定地形高差的地方，可挖渠排水。渠的宽度为5～8米，深略低于苗种池底。为快捷给苗种池进、排水，每两排相邻鱼池共用一条进水沟；另一端两排相邻鱼池共用一条排水沟或排水渠。当然，苗种池的排灌设备还需兼顾亲鱼池、成鱼池和其他池子的进、排水功能，故要统筹安排线路位置。为防止池鱼上溯造成鱼类混杂，在进水沟底入池管道应高出鱼池最高水位，并接上90°弯头，使入池的水流朝上，并在进水沟底洞口加盖控制鱼池进水。

动力设备。为鱼类苗种培育池提供进、排水动力的设施。一般可与鱼类繁殖、养殖设施共用或适当增加功率，结合统筹配置。

主要网具。为鱼类苗种培育过程中捕捞或暂养苗种的设施。有夏花被条网、鱼种拉网、鱼苗网箱、夏花网箱、鱼种网箱、捞海、三角抄网和鱼筛等。

①夏花被条网。在鱼苗培育成1.5～3厘米的夏花鱼种后，需进行分池培育或出售时，捕捞鱼种的网具。该网具要求滤水性能好，柔软、耐用。该网的结构分上纲、下纲和网衣3个部分。网长为池宽度的1.5

倍，高为水深的 2 ～ 3 倍，网衣水平缩结系数为 0.7。一部夏花被条网可加工成 2 ～ 3 片，使用时临时缝合连接。为便于收藏、防腐和提高滤水性，夏花被条网需要染护。除乙纶胶丝网不需外，其他布网需要染护；而维尼纶布网只需减半，同时不宜大火操作，以免变形。夏花被条网省去了浮子和沉子，使用时只需用多根粗毛竹抬杆在放网时一根根间隔一定距离插入上纲内、外纲绳间即可或将多个挑鱼、装鱼木制短桶（桶高和直径 45 厘米左右）浮于水面，再由网内搭上上纲即可拉网捕捞鱼种，做到一桶多用。

②鱼种拉网。捕捞 1 龄、2 龄鱼种的网具，要求网具滤水性能好、柔软、耐用。鱼种拉网的结构分上纲、下纲、网衣、浮子和沉子 5 个部分。网长为宽的 1.5 倍，网高为水深的 2 ～ 3 倍，网衣水平缩结系数为 0.6。安装方法与亲鱼网一样。

③鱼苗网箱。为囤集、暂养鱼苗的网具。要求网箱材料柔软、滤水性能好，防腐、耐用。鱼苗网箱结构分箱体和纲绳，外有配套箱竿。箱体口面呈长方形，宽 1 米，长 8 米（8 斗箱，每斗 0.1 米）或 10 米（10 斗箱）。箱底呈"U"字形。网箱口布缩结系数为 0.7。网箱口面纲绳分内、外两根，每间隔 1 米有长约 30 厘米的耳纲并与外纲绳连接，其中网箱角的 4 根耳纲较粗长。网箱配套 15 根箱竿。箱网布材料为 50 目的蚕丝布、麻布或同规格维纶布。纲绳为直径 2.5 ～ 3.0 毫米细麻绳或维尼纶绳。箱竿为直径 2 ～ 3 厘米，长 2 ～ 2.5 米的小竹竿，其中网箱四角上的箱竿略为粗大。鱼苗网箱制成后，需要同夏花被条网一样护染防腐，利于透水和固定网线；如果使用较柔软的合成材料制成的则不需护染。

④夏花网箱。为囤积和暂养夏花鱼种的网具。要求网箱材料透水性能好、柔软、防腐、耐用。夏花网箱结构与鱼苗网箱基本相同。其箱布材料同夏花被条网，其他材料及制作方法与鱼苗网箱基本一样。

⑤鱼种网箱。为囤积和暂养各种大小不同规格鱼种的网具。要求网箱材料透水性能好、柔软、耐用。鱼种网箱结构与鱼苗网箱相同。网箱材料同鱼种网，其他材料及制作方法与鱼苗网箱基本一样。

⑥捞海。为养鱼管理、捞鱼或捞杂物的小型常用网具。要求轻巧、耐用。捞海结构分网兜、竹架和手柄 3 个部分。网兜呈锅底形，竹架呈梨形，手柄呈"T"字形。根据用途不同捞海又分微型、小型和大型 3 种。

⑦三角抄网。为在鱼苗鱼种培育过程中，捕捞鱼种检查鱼体生长情况的小型网具。要求网具轻巧、耐用。结构分网兜、纲绳和三脚架 3 个部分。

⑧鱼筛。用来分离不同规格鱼种的工具。要求光滑、轻巧、耐用。鱼筛成半球形，由主体和把手两部分组成。一套鱼筛 30 多把，常用的有 10 多把。鱼筛做工精细，一般由专门的渔具厂生产，以广东、广西出品为多。

淡水工厂化养殖设施

淡水工厂化养殖设施是指为开展工厂化循环淡水养殖而建设的设施系统。工厂化养殖分为流水养殖、半封闭循环水养殖和全封闭循环水养殖 3 种形式。不同形式的养殖系统具有其自身的设施特点。①流水养殖。水源进入鱼池后直接排放到外界环境中，不再循环利用的一种养殖系统。

具有耗水量大、运行成本低的特点，适合水源充沛地区。②封闭式循环水养殖。养殖池排出的全部废水经净化处理后，再进入养殖池循环利用的一种养殖系统。具有耗水较少、环境可控等特点，是工厂化养殖的高级形式。③半封闭循环水养殖。养殖系统中部分排放水经过处理后循环利用，部分排放物直接排放到外部环境中的一种养殖系统。该系统需要每天定量补充一定水体，具有水质可控、运行成本较低等特点，是常用的工厂化养殖方式。

淡水工厂化养殖的主要设施有建筑物、养殖设施、水处理设施和水处理设备等。建筑物主要有养殖车间、塑料温室、玻璃温室、日光温室和智能温室大棚等形式。养殖设施主要有养殖池、培育池、调节池等。池体有水泥浇筑、砖混、玻璃钢、型材等结构形式。水处理设施主要有生物净化池、水温调节池、紫外线消毒池等。其中，弧形筛、砂滤等沉淀、离心、水力旋转等为重力分离设施；曝气、生物滤池、生物转盘等为生物过滤与净化设施；紫外线、臭氧、负离子氧等为杀菌消毒设施。

水处理设备主要有过滤、增氧、消毒、检测等设备系统。主要包括：①微滤机。属于机械过滤设备。②高效溶氧罐。经高效溶氧罐增氧的水其溶解氧可达 10 毫克/升以上，在溶氧罐顶部设有尾气回收装置，对没有溶解的氧气进行回收利用。③分子筛制氧机。液氧和制氧机氧气是鱼池输入纯氧的主要来源。④快速过滤器。如全自动彗星式纤维滤料过滤器（高效过滤器）和快速砂滤器等。⑤臭氧消毒设施。比较先进的臭氧发生设备是中频臭氧发生器。⑥紫外线消毒设施。紫外线辐射是工厂化养殖安全高效的消毒技术，杀菌效率最高的波长为 2600A。消毒器类型有悬挂式、侵入式的各种型号的商业紫外线消毒器。⑦高效微孔净水板。净水板用在微滤机和气浮两道工艺之后，按照一定的要求将净水板安装在生物净化池中，用预先培养的高效净水菌剂在净水板上挂膜，主要作用是降低废水中的氨氮，属硝化过程。⑧水质监测系统。主要包括水质监测探头、数据采集、信号传输与转换、数据显示和打印、系统报警等。

本书编著者名单

编著者 （按姓氏笔画排列）

王广军	王卫民	王忠卫	王炳谦
戈贤平	叶金云	白遗胜	曲克明
朱　健	刘兴国	杜　军	李　谷
杨国梁	肖汉兵	肖调义	何中央
张海琪	周　刚	周　军	周　婷
赵　刚	赵永锋	赵志刚	俞菊华
闻海波	顾若波	倪达书	徐奇友
唐建清	龚永生	董在杰	傅洪拓
谢　骏			